Amel Messai

Etude de la Polymérisation Cationique du 4-Vinyl Chlorure de Benzyle

Amel Messai

Etude de la Polymérisation Cationique du 4-Vinyl Chlorure de Benzyle

Et leurs modifications

Presses Académiques Francophones

Impressum / Mentions légales

Bibliografische Information der Deutschen Nationalbibliothek: Die Deutsche Nationalbibliothek verzeichnet diese Publikation in der Deutschen Nationalbibliografie; detaillierte bibliografische Daten sind im Internet über http://dnb.d-nb.de abrufbar.
Alle in diesem Buch genannten Marken und Produktnamen unterliegen warenzeichen-, marken- oder patentrechtlichem Schutz bzw. sind Warenzeichen oder eingetragene Warenzeichen der jeweiligen Inhaber. Die Wiedergabe von Marken, Produktnamen, Gebrauchsnamen, Handelsnamen, Warenbezeichnungen u.s.w. in diesem Werk berechtigt auch ohne besondere Kennzeichnung nicht zu der Annahme, dass solche Namen im Sinne der Warenzeichen- und Markenschutzgesetzgebung als frei zu betrachten wären und daher von jedermann benutzt werden dürften.

Information bibliographique publiée par la Deutsche Nationalbibliothek: La Deutsche Nationalbibliothek inscrit cette publication à la Deutsche Nationalbibliografie; des données bibliographiques détaillées sont disponibles sur internet à l'adresse http://dnb.d-nb.de.
Toutes marques et noms de produits mentionnés dans ce livre demeurent sous la protection des marques, des marques déposées et des brevets, et sont des marques ou des marques déposées de leurs détenteurs respectifs. L'utilisation des marques, noms de produits, noms communs, noms commerciaux, descriptions de produits, etc, même sans qu'ils soient mentionnés de façon particulière dans ce livre ne signifie en aucune façon que ces noms peuvent être utilisés sans restriction à l'égard de la législation pour la protection des marques et des marques déposées et pourraient donc être utilisés par quiconque.

Coverbild / Photo de couverture: www.ingimage.com

Verlag / Editeur:
Presses Académiques Francophones
ist ein Imprint der / est une marque déposée de
OmniScriptum GmbH & Co. KG
Heinrich-Böcking-Str. 6-8, 66121 Saarbrücken, Deutschland / Allemagne
Email: info@presses-academiques.com

Herstellung: siehe letzte Seite /
Impression: voir la dernière page
ISBN: 978-3-8416-2701-8

Copyright / Droit d'auteur © 2013 OmniScriptum GmbH & Co. KG
Alle Rechte vorbehalten. / Tous droits réservés. Saarbrücken 2013

Table des matières

Introduction générale 01
Partie théorique **04**
Généralité sur la chimie macromoléculaire..05
I- La classification des polymères.. 06
   I.1-selon la nature chimique : 06
   I.2-Selon la structure des chaînes 06
   I.3- Selon l'origine 08
   I.4 –Selon le comportement thermique 08
   I.5 – Selon les usages technologiques..09
II-La polymérisation 09
   II.1-Les techniques de polymérisation 09
      II.1.a-La polymérisation en masse 09
      II.1.b-La polymérisation en solution...10
      II.1.c-La polymérisation en suspension 10
      II.1.d –La polymérisation en émulsion 11
   II.2- réactions de polymérisation..11
   II.3-La polymérisation cationique...13
      II.3.a-Réaction d'amorçage 13
      II.3.b-réaction de propagation 16
      II.3.c-Réaction de terminaison 16
III-Propriétés générales des composés macromoléculaires 19
   III.1- Réactions homogènes..22
   III.2-Réactions hétérogènes...23
      III.2.a-Phénomènes de solubilité 23
      III.2.b-Phénomènes de gonflement...26
         III.2.b$_1$-Gonflement extra réticulaire...26

III.2.b$_2$-gonflement intra réticulaire..26

IV-la copolymérisation..27

    IV .1 – Réaction de copolymérisation 27

    IV .2 –classification des copolymères...27

        IV .2. a – Copolymères statistiques...27

        IV .2. b – Copolymères greffés...28

        IV .2.c – Copolymères séquencés (Blocs)......................................29

    IV.3 – Copolymérisation cationique des monomères éthyléniques.................29

V-Les huiles essentielles..30

    V.1 – Définition 30

    V.2 – caractères..31

    V.3 – production et utilisation...31

VI- Rappel botanique...32

    VI.1-Caractères biologiques..32

    VI.2-Caractère diagnostiques 32

    VI.3 -Distribution géographique et donnée auto écologique....................33

Discussion des résultats **34**

    Introduction..35

    I-La réaction de polymérisation du 4-vinyl chlorure de benzyle 35

        I.1-Caractérisation du monomère 4-vinyl chlorure de benzyle................35

        I.2-Etude de la réaction de polymérisation du 4-vinyl chlorure de benzyle......39

            I.2.a-Variation de la température... 39

            I.2.b-Variation du temps.. 41

            I.2.c-Variation du concentration du catalyseur 42

        I.3-La réaction de polymérisation du 4-vinyl chlorure de benzyle 44

            I.3.a-Mécanisme de polymérisation 44

            I.3.b-Caractérisation du poly-4- vinyl chlorure de vinyle...................46

ii

II-La modification du poly-4- vinyl chlorure de benzyle 49

  II.1-La modification du poly-4- vinyl chlorure de benzyle par un nucléophile oxygéné 49

    II.1.a-Préparation d' Alcoolates de sodium......................................49

    II.1.b- Les réaction de substitutions:...50

  II.2-La modification du poly-4- vinyl chlorure de benzyle par un nucléophile azoté 54

III-La synthése du copo-(4-vinyl chlorure de benzyle -1-méthoxy-4-(propényl benzéne)) 59

  III.1-Isolement de l'huile de l'anéthole (1-methoxy-4- (propenyl benzène) de la plante de l'anis.. 59

    III.1.a-Identification du produit isolé.. 59

      III.1.a$_1$-Identification par IR et RMN^{1}H 59

      III.1.a$_2$-Identification par les transformations chimiques............62

        III.1.a$_2$.1-préparation de l'acide anésique.................................62

        III.1.a$_2$.2-Estérification de l'acide anésique 62

        *Préparation de méthoxy-4 benzoate de méthyle........................62

    III.2- La réaction du copolymérisation 65

    III.2.a-La polymérisation d'Anéthole dans le pentane 65

  III.3-Etude de la réaction du copolymérisation 66

    III.3.a-Effet de la variation de la température 67

    III.3.b- Effet de la variation de concentration du catalyseur ($SnCl_4$) 68

    III.2.c- Effet de la variation du temps 70

    III.2.d- Effet de la variation des quantités des monomères 71

  III.4-Le mécanisme de la copolymérisation 73

  III.5-Identification du copolymère 76

Partie expérimentale 80
Introduction 81
Généralités 81

I-Synthèse de polymères par voie cationique... 82
   I.1-Montage de la polymérisation 82
   I.2 – Polymérisation cationique de 4 – vinyl chlorure de benzyle 82
      I.2.a-Caractérisation du 4 – vinyl chlorire de benzyle 83
      I.2.b-Caractérisation du poly4 – vinyl chlorire de benzyle 83

II-La modification du poly4–vinyl chlorure de benzyle 83
   II.1-Montage de la modification 83
      II.1.a-la modification du poly4–vinyl chlorure de benzyle par un nucléophile oxygéné 84
         II.1.a$_1$-préparation des alcoolate de sodium 84
         II.1.a$_2$-Les réaction de substitution 84
      II.1.b-la modification du poly4–vinyl chloride de benzyl par un nucléophile azoté 84
         II.1.b$_1$-La substitution par un nucléophile mono azoté (méthyl amine) 84
         II.1.b$_2$-La substitution par un nucléophile diazoté 85
   II.2-La caractérisation des poly4–vinyl chlorure de benzyle modifiés 86
III-Synthèse du copo (4-vinyl benzyl chloride-1-méthoxy-4-(propényl benzéne))..86
   III.1-Isolement et purification de l'Anéthole de l'Anis........................... 86
      III.1.a-Isolement de l'huile d'Anis... 86
   III.1.b-Identification de produit isolé... 87
      III.1.b$_1$ -Identification par IR et RMN^{1}H.. 88
      III.1.b$_2$ - Préparation de l'acide anésique... 88
         III.1.b$_2$.1- Purification de l'acide anésique....................................... 88

III.1.b$_3$- Préparation de méthoxy-4-benzoate de méthyle......................88

    III.1.b$_3$.1- Identification du méthoxy-4-benzoate de méthyle............88

III.2-synthèse du poly 1-méthoxy-4-(propényl benzène) dans le pentane.........89

    III.2.a-Identification du poly 1-méthoxy-4-(propényl benzène)................89

III.3-Synthèse du copolymère 4-vinyl benzyl chloride-1-méthoxy-4-(propényl benzéne)...90

    III.3.a-Identification du copolymère 4-vinyl chlorure de benzyle -1-méthoxy-4-(propényl benzène) 90

Conclusion générale 92
Références bibliographiques 95
Annexe 102

Introduction générale

Introduction générale

Les besoins croissants en polymères engendrent des techniques nouvelles de leur préparation et transformation. La technique des composés macromoléculaires, dont le développement accéléré date d'une cinquantaine d'années, a atteint, pendant cette période relativement courte, un haut degré de perfection[1,2].

La polymérisation des monomères styrolènes par les amorceurs *Fridel Crafts* entre dans le cadre de la chimie macromoléculaire. Les polymères ainsi obtenus trouvent une grande application dans le domaine industriel[3,4].

Certains caractères perceptibles pour les réactions entre les petites molécules s'accentuent à l'extrême avec les molécules géantes et cela dans deux directions opposées : Le désordre et la spécificité rigoureuse, c'est en ce sens que les produits d'une réaction sont généralement beaucoup moins bien définis que les composés macromoléculaires d'où l'on est parti[2,5]. De plus dans la chimie macromoléculaire les fonctions Y conservent leurs propriétés sous la réserve de modifications assez mineures[2,5].

Le but recherché à travers cette étude est de mettre en valeur, et d'élaborer de nouvelles voies de recherche, de compréhension et d'obtention des différentes macromolécules à partir d'un seul monomère. Et vu l'importance des produits polymériques issus d'origine naturelle, et de leurs utilités dans divers domaines[3,5], nous avons projeté d'accéder à une macromolécule qui contient le monomère sujet d'étude couplé avec un monomère d'origine végétal.

Notre travail est structuré en trois parties.

- La première partie a été consacrée à une étude bibliographique sur les polymères et leurs natures, les huiles essentielles et les copolymères ;
- La deuxième partie inclut le protocole expérimental ;
- La dernière partie à été consacrée aux résultats et discussion ;
- En fin nous avons terminé par une conclusion générale.

Partie théorique

Généralité sur la chimie macromoléculaire :

La science macromoléculaire est relativement récente; c'est seulement dans les années 1920 que **H.Stdinger** a proposé la notion de macromolécule. L'importance économique des matériaux polymères a suscité, à partir de la fin des années 1930, une explosion des recherches dans ce domaine, aussi bien théoriques qu'expérimentales. En effet, les composés macromoléculaires sont présents presque dans tous les domaines de la vie[6].

Les macromolécules sont des systèmes moléculaires constitués par un très grand nombre d'atomes assemblé entre eux par des liaisons covalentes. Le terme <macromolécule> est général et se rapporte, en principe, à tout système défini comme ci-dessus, qu'il soit organique, inorganique, artificiel ou synthétique, cependant, il est préférentiellement employé pour décrire des systèmes organiques. Les macromolécules artificielles, qui résultent de la modification chimique des macromolécules naturelles, ainsi que les macromolécules artificielles synthétiques, créés de toutes pièces à partir de molécules simples, sont le plus souvent appelées polymères[6,7,8,9].

La réactivité chimique des monomères résulte de la présence de groupes fonctionnels capables de former des liaisons chimiques avec des groupes fonctionnels d'autres monomères[10,11].

Trois aspects d'inégale importance sont rattachés au domaine de la chimie macromoléculaire. Le premier est relatif aux processus qui permettent de transformer un ensemble de molécules simples en chaînes macromoléculaire. Le deuxième se rapport aux transformations chimiques d'un composé macromoléculaire lorsqu'il est soumis à une agression chimique ou physique et qu'on appelle dégradation. Le troisième concerne la transformation chimique des polymères naturelles ou synthétiques, afin de modifier leurs propriétés[6,11,12].

I-La classification des polymères :

Il existe plusieurs modes de classification des polymères selon les propriétés retenues pour les caractériser.

I.1-selon la nature chimique :

a-Polymères minéraux : Sont constitués par les chaînes renfermant un seul corps simple comme le diamant, le graphite, le phosphore et le soufre, ou par des chaînes renfermant plusieurs hétéronomes comme les silicates, les acides poly-phosphoriques et les chlorures de poly-phosphonitriles[11].

b-Polymères organiques : C'est la classe la plus riche, ils constituent presque la totalité des polymères d'utilisation courante. Les principaux polymères organiques de synthèse sont les polyoléfines, les polyvinyle, les polyamides, les polyesters, les polyacryliques et les poly diènes[11].

c-Polymères mixtes : Sont doués de propriétés intéressantes dont une bonne résistance thermique (300-350^{0}c). .

I.2-Selon la structure des chaînes :

a-Polymère linéaires ou mono dimensionnels : Leur propriété remarquable est la souplesse ou l'élasticité, ils représentent environ 70′/. Des polymères actuellement fabriqués dans le monde[12]. On distingue deux classes principales :

-Les homo polymères : Ils peuvent être linéaires ou ramifiés[11].

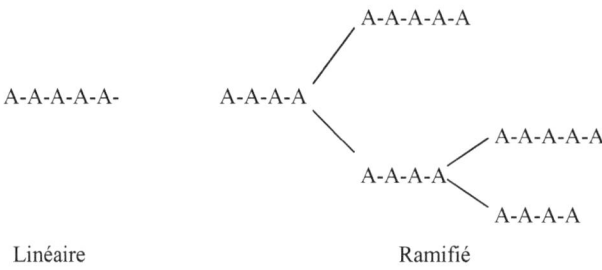

A-A-A-A-A-   Linéaire   Ramifié

Schéma (1) Enchaînement d'un homopolymére

- **Les copolymères :** Les chaînes sont constituées de deux ou plusieurs monomères de nature différente tels que les copolymères statistiques, séquences linéaires, séquences greffées et étoiles[11].

```
A-A-A-B-B-A-B-A-           A-A-A-A-A-A-A-A-A-A-
                            B  B      B     B
                            B  B      B     B
                            B  B      B
                               B      B
                               B
   Séquence linéaire -          - Séquence greffée -
```

Schéma (2) : Enchaînement d'un polymère

b-Polymères bidimensionnels : Ils se rencontrent surtout dans le domaine des polymères naturels, où l'enchaînement s'étend dans deux directions de l'espace (la cellulose).

c-Polymères tridimensionnels : Se sont des réseaux à trois dimensions, ils sont beaucoup mois élastiques que les polymères linéaires[13].

I.3- Selon l'origine :

a-Polymères naturels : Existent dans la nature, ils sont nombreux. Parmi ces polymères on peut citer les polymères biologiques dont la cellulose est formée de motifs ⁻ glucose⁻, et les protéines qui sont des polyamides formés de motifs d'aminoacide[11].

b-Polymères synthétiques : Les molécules monomères qui permettent l'obtention de ces polymères n'existent pas dans la nature. Cependant, on peut remarquer que les structures réalisées par la synthèse sont souvent proches de celles des polymères naturels[14].

c- Polymères de transformation : Ils sont obtenus par modification des chaînes macromoléculaires naturelles ou synthétiques, ce processus s'effectue par transformations chimiques des fonctions portées par les unités monomères. On cite comme exemple, les traitement chimiques de la cellulose donnant les dérivées cellulosiques[15].

I.4 – Selon le comportement thermique :

a-Thermoplastiques : soumis à une élévation de température modérée, les polymères deviennent mous, mais sans modification des liaisons chimiques.

b-Thermodurcissables : Les températures élevées provoquent des réactions de pontage et récitation irréversible qui conduisent à des réseaux rigides tridimensionnels.

c- Thermoplastiques élastomère : L'objectif recherché actuellement est la mise au point de polymères capable de conserver l'élasticité à des températures modérément élevées, afin de palier à la limitation thermique qui est le point faible des élastiques actuels[15].

I.5 – Selon les usages technologiques[15] :

a-Fibres synthétiques : On peut citer, le Nylon, le Tergal, et la Soie.

b-Plastomères : ce sont les plastiques au sens large regroupant les thermodurcissables et les thermoplastiques.

c– Elastomères : Doués de propriétés élastiques et/ou caoutchouteuses.

II-La polymérisation :

II.1-Les techniques de polymérisation :

Techniquement, les réactions de polymérisations peuvent être effectuées par quatre manières suivant la nature du monomère et l'utilisation du polymère [5,16].

II.1.a-La polymérisation en masse :

C'est la technique la plus simple, elle ne demande qu'un monomère et un initiateur (amorceur) soluble dans ce monomère [17].

Si le polymère est soluble dans le monomère, le milieu réactionnel devient de plus en plus visqueux et peut se solidifier ; mais si à partir d'un certain degré de polymérisation le polymère est insoluble dans le monomère, il précipite et le monomère s'adsorbe sur la surface du polymère [17-19].

L'avantage principal de la polymérisation en masse c'est l'obtention des polymères très purs, avec des masses molaires élevées, mais assez peu homogènes [16,17,18].

II.1.b-La polymérisation en solution :

C'est une technique qui permet de réaliser une réaction plus régulière. Le polymère peut demeurer soluble dans le solvant, et on obtient donc des polymères à bas degré de polymérisation, ou précipiter à partir d'un certain degré de polymérisation ; dans ce cas, la polymérisation en solution donne des polymères de bonne homogénéité de point de vue des degrés de polymérisation.

Cette méthode exige cependant une quantité de solvant assez importante pour limiter la viscosité du milieu.

L'isolation du polymère se fait soit par l'évaporation du solvant, ou par l'addition d'un excès d'un non-solvant[16,17].

II.1.c-La polymérisation en suspension :

Dans cette technique le monomère doit être dispersé en gouttelettes relativement grosses dans un milieu aqueux, de plus l'initiateur, le monomère et le polymère doivent être insoluble dans le milieu réactionnel, mais l'initiateur doit être soluble dans les gouttelettes du monomère.

La dimension des gouttelettes initiales du monomère demeure inchangée, typiquement de $0.1 - 2$ mm de diamètre. La viscosité des gouttelettes s'accroît jusqu'à ce quelles deviennent solides, plus ou mois élastiques, puisque chaque gouttelette se présente comme un réacteur de polymérisation en masse. Le polymère se présente finalement sous forme de perles faciles à laver et retenant peu d'impuretés en raison de leur faible surface spécifique[5,16,20].

II.1.d-La polymérisation en émulsion :

L'utilisation d'agent émulsifiant (savon, acides gras sulfonés) conduit à un émulsion dont les particules (monomères) de diamètre de 0.05 -1μm[20].

L'amorçage de la polymérisation parait être localisé dans le milieu aqueux et non pas à l'intérieur ou à la surface des gouttelettes du monomère, sans doute à cause de la solubilité du monomère, très faible, mais non nulle. La croissance des chaînes a lieu plus probablement à l'intérieur des gouttelettes monomère – polymère. Il en est de même des réactions de terminaison.

Les gouttelettes émulsionnées de monomère pur ne serviraient que de réserve au monomère [16].

Ce procédé favorise l'obtention des produits de grandes masses moléculaires, mais son inconvénient majeur est l'élimination très difficile des agents émulsifiants[18,20].

II.1.e- La polymérisation en plasma froide.
II.2 - réactions de polymérisation :

On distingue deux grandes familles de polymérisation entièrement différentes :

-Les polymérisations par étapes (dont les polycondensations constituent la majorité) : Les macromolécules sont produites par des réactions chimiques entre les groupements fonctionnels réactifs des monomères, comme la formation des polyesters et les polyamides.

HO-$(CH_2)_n$-(CO)-O-$(CH_2)_n$-COOH NH_2-(CH_2)-CONH-$(CH_2)_n$-COOH

Polyesters   polyamides

-Par contre les réactions de polymérisations en chaîne sont produites via la formation de centres actifs A* qui fixent successivement de nombreuses molécules de monomères :

$$A^* + M \longrightarrow AM^*$$

$$AM^* + nM \longrightarrow AM^*_{n+1}$$

La réaction de polymérisation en chaîne se déroule en trois étapes : réaction d'amorçage, réaction de propagation et éventuellement des réactions de terminaisons[20,21].

On distingue quatre types de polymérisations en chaîne.

-La polymérisation radicalaire est propagée par des radicaux libres, générés par des amorceurs lors d'un processus physique ou chimique. Cette méthode de polymérisation est particulièrement bien adaptée à la variété des techniques (masse, émulsion, solution, suspension) couramment utilisée pour la production des polymères[5,18].

-Lorsque le centre actif est polarisé (chargé) négativement il peut donner lieu à des réactions nucléophiles et les polymérisations correspondantes sont appelées polymérisations anioniques.

-Les polymérisations cationiques mettent en œuvre des processus similaires aux précédents. Les centres actifs propageant sont des espèces électrophiles [5,18]

-Les polymérisations par coordination recouvrent une grande variété de systèmes qui ont en commun la présence d'un atome de métal de transition à l'extrémité de la chaîne en croissance. Les monomères possèdent un caractère basique au sens de *Lewis* qui va permettre leur fixation, par l'intermédiaire des orbitales vacantes du métal de transition[5,22].

II.3-La polymérisation cationique :

La polymérisation du styrolène par l'acide sulfurique à déjà été signalée par *Berthelot*, et de nombreux travaux sur ce type de polymérisation par les catalyseurs de ***friedel crafts*** ont été effectués par ***staudinger*** et ***coll***[20].

D'une façon générale, les travaux systématiques sur ce type de polymérisation sont nombreux et ont commencé plutôt que ceux consacrés à la polymérisation anionique. Il est cependant plus difficile de donner une vue d'ensemble de connaissance actuelles, par suite de complexité des phénomènes, beaucoup plus grande que dans les cas des polymérisation anioniques ou radicalaires[20].

Le mécanisme de polymérisation dépend de constituants du système monomère – solvant – catalyseur, ou bien des conditions opératoires (température, pureté des réactifs). Ceci explique le très grand nombre d'hypothèses avancées pour les différents mécanismes d'amorçage, de propagation et de terminaison[23].

II.3.a-Réaction d'amorçage :

Les amorceurs des polymérisations cationiques sont des accepteurs d'électrons que l'on peut diviser en trois classes, les acides de **Brönsted** comme H_2SO_4, $HClO_4$, H_3PO_4, HCl, les acides de ***Lewis*** comme BF_3, $AlCl_4$, $TiCl_4$

,$SnCl_4$,et les composés capables de donner naissance à des cations actifs comme $(Ph)_3CCl$,I_2 [17,20].

L'amorçage par les acides protoniques, se produit par fixation du proton sur un carbone de la double liaison et la formation d'un carbocation sur le carbone voisin, qui propage la polymérisation[17,20].

$$H_2SO_4 + CH_2=CHR \longrightarrow CH_3\text{-}C^+HR, SO_4H^-$$

Dans le cas d'amorçage par les acides de *Lewis*, la présence d'un cocatalyseur permettant de former un acide complexe, qui peut céder un proton au monomère, en formant un carbocation[17,20].

$$TiCl_4 + BH \longrightarrow TiCl_4B^-, H^+$$
catalyseur   cocatalyseur

$$TiCl_4B^-, H^+ + CH2=CHR$$
Acide complexe

L'intervention du cocatalyseur a été prouvée par certaines réactions, par exemple la polymérisation de l'isobutène par le tétrachlorure de titane s'arrête pour de faible conversion du monomère lorsque la concentration en cocatalyseur est très faible.

L'influence de la nature de l'amorceur sur la vitesse et le degré de polymérisation varie suivant les monomères. Dans le cas où le monomère est de type isobutène, les catalyseurs les plus acides donnent les plus grandes vitesses et les degrés de polymérisation les plus élevés. Dans le cas où l'eau est le cocatalyseur, l'activité décroît dans l'ordre suivant :

$$BF3 > AlBr3 > TiCl4 > TiBr4 > SnCl4$$

On observe le même phénomène lorsque le monomère est de type styrolène. Mais la variation est inverse pour les masses moléculaires, qui décroissent quand l'acide est plus fort alcoylation ***Friedel Crafts*** du noyau aromatique[23].

Schéma(3) : alcoylation *Friedel Crafts* du noyau aromatique

La possibilité d'intervention du solvant comme co-catalyseur a été l'objet de controverse élevée pouvaient être des co-catalyseurs[20]. On a longtemps pensé que tous les solvants halogénés de constante diélectrique élevée pouvaient être des co-catalyseurs.

Le solvant peut cependant jouer un rôle très important, même s'il n'est pas un co-catalyseur en influençant les possibilités de séparation des charges entre les ions par suite d'effets de solvatation Les vitesses globales de polymérisation croissent toujours considérablement quand la constante diélectrique du solvant augmente. Dans le cas ou le degré de polymérisation varie peu, c'est probablement la vitesse d'amorçage qui est fortement accrue. Il est vraisemblable que la nature du solvant joue un rôle considérable dans les phénomènes d'association des molécules de catalyseur entre elles ou avec le monomère. [24].

II.3.b-réaction de propagation :

Au cours du stade de propagation la longueur de la chaîne augmente par addition successives d'unités monomères, chacune d'elle donne le carbocation le plus stable[17.20].

$$CH_2\text{-}C^+R_1R_2, A^- + CH_2=CR_1R_2 \longrightarrow CH_2\text{-}CR_1R_2\text{-}CH_2\text{-}C^+R_1R_2, A^-$$

II.3.c-Réaction de terminaison :

Les réaction de terminaison ou de transfert de polymérisations cationiques peuvent se produire par expulsion d'une espèce ionique (perte de proton), ou fixation d'un anion (composé extérieur) [20].

-Perte de proton :
a-réaction unimoléculaire :

1-
$$-CH_2\text{-}C^+HR, X^- \longrightarrow -CH=CHR + X^-, H^+$$

2-
$$-CH_2\text{-}C^+(CH_3)_2 \, BF_3OH^- \longrightarrow -CH=C(CH_3)_2 + BF_3OH^-, H^+$$

3-

$$-CH_2\text{-}CH(Ph)\text{-}CH_2\text{-}CH^+(Ph), TiCl_4OH^- \longrightarrow \text{(indane-phényle)} + TiCl_4OH^-, H^+$$

b- réaction bi-moléculaire :

$$-CH_2\text{-}C^+HR, X^- + A \longrightarrow -CH=CHR + AH^+, X^-$$

- **Capture d'anion :**
- **a- réaction unimoléculaire :**

$$-CH_2-C^+HR, X^- \longrightarrow -CH_2-CHRX$$

b- réaction bi-moléculaire :

$$-CH_2-C^+HR, X^- + A^+B^- \longrightarrow -CH_2-CHRB + A^+X^-$$

Les réactions de transfert en polymérisation cationique ne se distinguent pas toujours nettement des réactions de terminaison cinétiques. Certaines espèces ioniques qui se forment au cours des réactions de terminaison (H^+X^-, AH^+X^-, A^+X^-) peuvent être aussi plus ou moins actives. Si elles sont inactives, on a réellement une terminaison cinétique ; si elles sont encore actives, on dit que l'arrêt de la croissance des chaînes a eu lieu par transfert spontané, dans le cas des réactions unimoléculaires et par transfert ordinaire dans le cas des réactions bimoléculaires.

Le plus souvent, en absence d'impuretés basiques dans le milieu réactionnel, le rôle d'accepteur de protons est joué par le monomère ou le solvant, ce qui correspond à une réaction de transfert. Certaines impuretés peuvent aussi jouer le rôle d'agent intermédiaire de transfert.

- **Transfert au monomère :**

$$\sim\!\!\!\!\underset{CH_3}{\overset{CH_3}{C^+}}, TiCl_4CCl_3CO^{2-} + CH_2=\underset{CH_3}{\overset{CH_3}{C}} \longrightarrow CH_3-\underset{CH_3}{\overset{CH_3}{C^+}}, TiCl_4CCl_3CO^{2-} + \sim\!\!\underset{CH_3}{C}=CH_2$$

-**Transfert au solvant :**

[Schéma réactionnel : transfert au solvant montrant la réaction d'un carbocation wwCH2-CH+ (avec phényle) avec le toluène, formation d'un intermédiaire arénium, puis libération de H+ et régénération d'un nouveau carbocation par addition sur CH2=CH-C6H5]

- **Influence de la nature des monomères sur la réactivité en polymérisation cationique :**

La facilité de polymérisation cationique d'un monomère va dépendre de l'affinité cationique de la double liaison, qui favorise la fixation des protons ou des carbocations selon les réactions du type :

$$Y^+ + CH_2=CHR \longrightarrow Y-CH_2-CHR^+$$

Une augmentation de l'affinité protonique due à la présence d'un groupement R électro répulsif, polarisant négativement la double liaison, se traduira par une augmentation simultanée des vitesses d'amorçage et de propagation et donc de la vitesse globale de polymérisation. D'autre part, la présence de groupements R électro répulsifs, réduit la charge positive sur le carbone central, et étale la charge sur la périphérie de l'ion, ce qui le stabilise. La présence d'une double liaison ou celle d'un cycle aromatique conjugue avec l'ion carbonium va d'autre part stabiliser celui ci dans une plus grande mesure, puisqu'il y a possibilité de résonance entre plusieurs structures mésomères des types[18,20] :

Schéma(4) : résonance entre les structures mésomères

III-Propriétés générales des composés macromoléculaires :

Les propriétés des composés macromoléculaires sont essentiellement définies par la constitution des motifs monomères et plus particulièrement, par les fonctions chimiques portées par ceux-ci.

Cependant, on peut se demander si la réactivité chimique est la même lorsque la fonction est portée par un polymère ou par une petite molécule [25].

Pour les réactions de substitution sur les composés macromoléculaires le postulat de l'indépendance de la réactivité avec la longueur de la chaîne pose un problème complexe.

En effet si le postulat précédent est assez bien vérifié pour des réactions en phase homogène, entre un polymère et des réactifs à petite molécules, dans lesquelles chaque étape ne fait intervenir qu'une seule fonction portée par le polymère, il n'en est plus de même lorsque plusieurs fonctions situées sur une même chaîne interviennent, ou lorsque le mécanisme réactionnel se trouve modifié par la présence d'autres groupements au voisinage du site réactionnel[25,26].

Ce sont des réactions analogues à celles que l'on utilise couramment en chimie organique classique[25].

Ces substitutions (traitement chimique), peuvent également provoquer des modifications de certaines polymères ; ainsi, les fonctions alcools de la cellulose sont estérifiées ou éthérifiées comme les alcools à petites molécules[16]. De même, sur les cycles benzéniques du polystyrène on peut effectuer des substitutions[16,25,26].

Lorsque la réaction évolue complètement, on aboutit à la transformation de tous les groupements fonctionnels susceptibles de participer à la réaction. Le polymère présente alors, en fin de réaction des motifs monomères ayant subi les même réactions, et par suite, tous identiques. On peu donc considérer que l'on à un nouveau polymère dont le motif monomère dérive de celui du polymère initial par la réaction considérée[26,27].

$$-(-CH_2-CH-)n- \xrightarrow{hydrolyse} -CH_2-CH-)n-$$
$$\quad\quad\quad |\quad\quad\quad\quad\quad\quad\quad\quad\quad\quad |$$
$$\quad\quad\quad O\quad\quad\quad\quad\quad\quad\quad\quad\quad OH$$
$$\quad\quad\quad |$$
$$\quad\quad CO-CH_3$$

- Schéma (5)- L'hydrolyse de l'acétate de polyvinyle –

Si la réaction est incomplète, tous les motifs monomères n'ont pu être transformés et les groupements fonctionnels ayant réagi se trouvent distribués statistiquement sur les macromolécules[25,29].

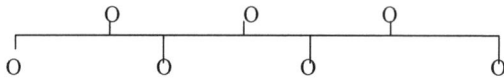

- **Macromolécule non substituée** -

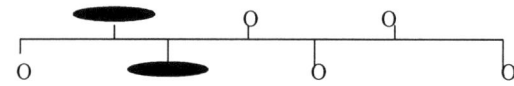

- **Macromolécule partiellement substituée** –

-**Macromolécule complètement substituée** –

Schéma(6) : Réaction topo chimique

Toutes les macromolécules diffèrent alors par la répartition des groupements substitués, bien qu'elles aient le même taux statique de substitution rapporté au motif monomère et qu'elles soient inséparables par fractionnement. Dans ce cas, les réactions sont dite topo chimiques [16,25,28].

Pour aller plus avant dans l'étude des réactions de substitution il est indispensable de différentier les réactions en phase homogène et en phase hétérogène [16,25,28].

III.1- Réactions homogènes :

Lorsque les propriétés de solubilité du composé macromoléculaire permettent d'effectuer la réaction en phase homogène, on obtient des taux de substitution relativement élevés et parfois, même la transformation (la modification chimique) complète du polymère. Les facteurs régissant les réactions sont alors essentiellement d'ordre chimique[25].

Il ressort de ces études que, dans tous les cas, la réactivité chimique d'une fonction est indépendante da la longueur de la chaîne qui la porte ; par contre, elle peut être influencée par les charges électrostatiques situées sur la chaîne, par les fonctions environnantes ou par la flexibilité et la taxicité de la chaîne[25,16,28].

-On sait que les réactions sont ralenties lorsque les réactifs portent des charges de même signe, et accélérées lorsque les charges sont de signes opposés. En outre, l'addition de sel neutre diminuant les interactions électrostatiques à longue distance, rétablit la vitesse de ces réactions. De tels effets, bien connus dans le cas de petites molécules, sont considérablement amplifiés si l'un des réactifs est un composé macromoléculaire fortement chargé[26,28].

- Un autre facteur important dans les réactions sur les composés macromoléculaires est la flexibilité de la chaîne Par exemple, des différences notables se manifestent dans l'hydrolyse des acrylates au méthacrylate phénylique selon qu'ils se présentent dans une chaîne principale acrylique ou méthacrylique. La raison doit être recherchée dans la plus grande rigidité de la chaîne méthacrylique prise dans son ensemble[26].

-La tacticité des composés macromoléculaires influe également sur leur propriétés chimiques[25,26].

III.2-Réactions hétérogènes :

Les composés macromoléculaires réticulés, rendus insolubles par leur réseau tridimensionnel, de nombreux polymères linéaires ont une solubilité beaucoup trop faible pour permettre d'opérer en phase homogène. Les réactions se déroulent alors sur une phase solide plus ou mois gonflée, ce qui limite leurs évolution[28].

Les polymères obtenues sont partiellement substituées, les fonctions ayant réagi se trouvant distribuées au hasard sur les macromolécules ; il s'agit de réaction topochimique[26].

Il semble que le facteur essentiel est l'accessibilité du polymère, c'est à dire la facilité avec laquelle les groupes fonctionnels portés par la chaîne peuvent être atteints par les molécules de réactif. L'évolution de la réaction est conditionnée par la diffusion des réactifs au sein de la phase solide[25,26].

On constate alors que le réactif pénètre à l'intérieur du réseau macromoléculaire sans altérer les éléments essentiels de la structure[25,26].

Il se produit seulement un pivotement ou un écartement des macromolécules, juste suffisant pour permettre la substitution des groupements fonctionnels participants à la réaction[25].

Il s'ensuit que la facilité des réactions dépend de la morphologie du polymère, de la cristallinité, et de ceci chacune des fonctions portées par la chaîne conserve sa réactivité[16].

III.2.a-Phénomènes de solubilité :

Le phénomène de dissolution des composés macromoléculaires se différencie de celui des corps solides à petites molécules par un certain nombre de caractères spécifiques[16] :

Le polymère mis en présence d'un solvant subit tout d'abord un phénomène de gonflement, le liquide pénètre à l'intérieur de la masse solide et écarte les macromolécules. Si le polymère a une structure linéaire ou bidimensionnelle, les chaînes sont indépendantes les une des autre et le gonflement peut s'accroître avec la proportion du liquide jusqu'à ce que la dispersion des macromolécules au sein du solvant soit complète. On obtient de véritable solution. Parfois ; il subsiste dans ces solutions des agrégats moléculaires ou micro gels qui perturbent les propriétés physiques (viscosité, lumière diffusée, sédimentation).Par contre ; lorsque les macromolécules sont des polymères tridimensionnelles, elles forment un réseau que le solvant peut seulement dilater ; il n'y a que gonflement[16,28,30],

Lorsque la masse de solide croit en contacte d'un volume déterminé de solvant, les macromolécules se répartissent en une phase gonflée et une phase liquide dont les quantités varient suivant les proportions polymère / liquide à une température donnée (on n'observe pas le phénomène de saturation). La quantité de polymère dissous étant généralement fonction de la masse de phase non dispersée[16,28].

Les phénomènes de solubilité dépendent essentiellement, d'une part des interactions qui s'exercent entre les molécules du corps à dissoudre et celle du solvant, d'autre part des interactions qui maintiennent la cohésion moléculaire du solide à dissoudre[16,28].

La nature et l'intensité des interactions soluté – solvant sont essentiellement les mêmes qu'il s'agit d'un corps à petites molécules ou d'un polymère[28,29,30,]. Elles dépendent des groupements fonctionnels portés par la chaîne macromoléculaire et la molécule de solvant et elles sont principalement[16] :

-Des interactions d'hydrogène ;
-Des interactions de *Van Der Waals* ;
-Des interactions électrostatiques.

Dans le cas des polymères, ces interactions, bien que relativement faibles lorsqu'elles sont considérées individuellement, donnent finalement une très forte cohésion moléculaire, par suite de leur répétition sur la très grande longueur de la chaîne[28,29]. Il s'ensuit donc que, si les chocs des molécules de solvant peuvent détacher assez facilement les petites molécules les unes des autres dans une phase solide, ils parviennent seulement à désassembler par endroits deux macromolécules. Les interactions entre chaînes sont rompues sur des longueurs correspondant à quelques motifs monomères, mais subsistent en beaucoup d'autre place. Pour détacher les macromolécules sur toute leur longueur et les disperser en solution, il faut que les énergies d'interaction entre le solvant et la chaîne soient du même ordre de longueur que celles à l'intérieur du polymère ; solvant et polymère doivent avoir des énergies de cohésion voisines[16,28,31].

La température favorise, en général, la solubilité des composés macromoléculaires et l'on peut définir, pour un système polymère – solvant donné, une température critique aux dessus de laquelle le polymère et le solvant sont miscibles en toutes proportions, tandis qu'au dessous de cette température le système est séparé en deux phases[16,28].

Les ramifications, en détruisant la symétrie macromoléculaire, accroissent notamment la solubilité. Il en est de même des copolymérisations ou des copolycondensations[16,29].

Les copolymères statistiques ont des caractères de solubilité intermédiaires entre ceux des deux homo polymères, notamment en ce qui concerne la nature des solvants. Par contre, les copolymères séquencés ou greffés ont, à la fois, les caractères de solubilité des deux homo polymères constitutifs[16,29].

II.2.b-phénomène de Gonflement :

Sous l'action d'un liquide, un composé macromoléculaire peut subir une augmentation de volume désigné par le nom de gonflement. Ceci peut prendre, dans certains cas, un caractère de gonflement illimité, amenant des macromolécules à l'état individuel ; c'est le phénomène de dissolution. Cependant, bien souvent les composés macromoléculaires demeurent insolubles[16,28,29].

L'explication du gonflement limité est simple lorsqu'il s'agit d'un polymère réticulé car, alors, les liaisons pontales empêchent la dispersion des chaînes dans le liquide gonflant par contre, elle est plus difficile lorsque l'on a affaire à des macromolécules linéaires dépourvues de liaisons transversales, le gonflement serait limité par l'existence de domaines au sein desquels les interactions moléculaires seraient particulièrement nombreuses, conférant à ces parties une plus grande cohésion moléculaire[16,31].

Avec de tels composés, il est possible de distinguer deux types de gonflement :

II.2.b$_1$- Gonflement extra réticulaire :

Le liquide ne pénètre que dans les domaines amorphes, région ou la cohésion moléculaire des deux chaînes est la plus faible[16,31].

II.2.b$_2$- gonflement intra réticulaire :

Le liquide de gonflement peut, en outre, pénétrer dans les domaines cristallins et modifier la disposition et l'écartement des chaînes de polymère[16,31].

Le gonflement intra réticulaire s'accompagne toujours d'un gonflement extra réticulaire important, alors que le gonflement extra réticulaire peut se produire seul.

L'importance du gonflement dépend essentiellement de la nature et de l'intensité des interactions d'une part, entre les chaînes macromoléculaires, d'autre part, entre le solvant et le polymère[16,31].

IV-La copolymérisation :

Les copolymères sont des composés macromoléculaires qui contiennent deux ou plusieurs motifs monomères permettant de donner une gamme de produits de propriétés extrêmement variées par la nature et la proportion des motifs monomères[16,20].

IV.1-Réaction de copolymérisation :

Lorsqu'un mélange de monomères se trouve placé dans des conditions où une réaction de polymérisation peut avoir lieu, plusieurs copolymérisations peuvent se produire. Il est très rare que les deux monomères se polymérisent séparément.

Au début d'une copolymérisation, avec les deux monomères A et B, par exemple, le copolymère se forme avec une prédominance du monomère le plus réactif, soit A, le mélange des monomères s'appauvrit en A et à la fin de réaction, le copolymère formé est à prédominance B[16,32,33].

IV.2 – Classification des copolymères :

On peut distinguer trois types des copolymères:

IV.2 a – Copolymères statistiques :

Les motifs monomères sont répartis au hasard le long de la chaîne macromoléculaire. A partir de deux monomères A et B , on obtient dans ce cas un copolymère du type[20,34].

A-B-A-A-B-A-A-B......B-B-A-B-A-B-B-A

Schéma(7) : Copolymère statistique

dans lequel la proportion relative de A et B peut varier de 0 à 100 % [20,34].

Un cas particulier de copolymérisation, assez rarement réalisé dans la pratique, peut conduire à un copolymère alterné dans lequel les motifs A et B alternent régulièrement[20,34].

A-B-A-B-A-B-A-B......A-B-A-B-A-B-A-B

Schéma(8) : Copolymère altéré

IV.2. b – Copolymères greffés :

les copolymères greffés sont constitués par un polymère poly A portant des (greffons) d'un second type de polymère poly B[20,35].

```
A-A-A-A-A-A......A-A-A-A-A-A-A.....A-A-A
        B           B     B              B
        B           B     B              B
        B           B     B              B
        B           B                    B
        B           .
        B                 B
        B                 B
                          B
```

Schéma(9) : Copolymère greffé

La greffée peut être réalisée en utilisant des moyens chimiques, photochimiques ou radio chimiques pour créer, sur une chaîne macromoléculaire des sites réactifs qui seront utilisés pour fixer les chaînes latérales du deuxième polymère[38,37].

IV.2. c – Copolymères séquencés (Blocs) :

Sont formés par l'association de segments plus ou mois nombreux de poly A et de poly B[20,36].

AAAAAAA-AABBB-BBBAAA........AA-BBBB-BB-AAA

Schéma(10) : Copolymère séquencé

La préparation de copolymères à longues séquences est basée sur les mêmes principes que celle des polymères greffés ; mais au lieu de créer des sites réactifs le long d'une chaîne macromoléculaire, on s'efforce de les faire apparaître seulement en bouts de chaînes. Ces sites peuvent être soit des radicaux libres, soit des groupements fonctionnels réactifs terminaux[36,37].

IV.3 – Copolymérisation cationique des monomères éthyléniques :

Les possibilités de copolymérisation ionique sont gouvernées par la polarité de la double liaison, qui dépend de la nature des groupements substituants[16,20].

Dans la copolymérisation cationique l'effet d'un substituant d'une double liaison devrait être par exemple de faire croître la réactivité du monomère et simultanément décroître celle du carbocation (dans le cas d'un substituant donneur d'électron) [20,35,36].

La réactivité des monomères lors d'une copolymérisation cationique décroît lorsque le pouvoir électro-attractive des substituants croit[38].

La situation, en ce qui concerne les relations entre la nature des substituants de la double liaison et la réactivité des centres actifs, est très complexe et n'obéit pas à des règles simples[39].

L'influence du solvant sur la copolymérisation cationique est complexe, car elle dépend simultanément de la constante diélectrique du milieu, des effets polaires variés et également du phénomène de solubilité[20,35,36].

Il semble que lorsque les deux monomères sont de structure très voisine ; on n'observe pas d'influence marquée du solvant sur le rapport de réactivité. La nature des centres actifs des deux motifs monomères doit être voisine et est influencée de la même façon; Pour des monomères de familles différentes, on a observé des variations considérables des rapports de réactivité[41,42].

L'effet de la température de copolymérisation sur les rapports de réactivité peut être attribué à la variation de la constante diélectrique du milieu et de la solvatation des centres actifs modifiant la réactivité de ceux ci[20,33].

L'influence de la nature de l'agent d'amorçage (donc du contre ion) peut dépendre fortement de la nature du solvant[33,40].

V-Les huiles essentielles :

V.1– Définition :

Les huiles essentielles sont des substances volatiles de composition complexes et odorantes sécrétées par certains végétaux. L'essence sécrétée par une plante sert à attirer les insectes pour la pollinisation ou à repousser les insectes dangereux [43].

Les hiles essentiels sont classés comme suit :

Huiles aromatiques : pour leur odeur agréable ;

Huiles ethériques : pour leurs solubilité dans l'éther ;

Huiles volatiles : Pour leur évaporation à température ordinaire sans décomposition[44].

V.2– caractères :

Les huiles essentielles sont des produits volatiles, odoriférants, que l'on extrait à partir de végétaux. Elles sont aussi appelées : essences de plantes, essences aromatique ou essences végétales[45].

Les huiles subissent quelques changements naturels et aussi chimique qui peuvent changer leurs caractéristiques sous l'influence de la lumière, la chaleur et l'oxygène[46].

Ces essences sont insolubles dans l'eau, mais solubles dans l'alcool et les autres solvants organique. Toute fois, il existe certaines huiles à l'état solide à température ordinaire. Elle sont incolores, mais parfois elles ont des couleurs tendant vers le jaunâtre, le vert et le bleu[45].

Les essences produites par différentes espèces de plantes, varient dans leurs caractéristiques physico – chimiques selon certains facteurs, tels que les régions, les climats, l'époque et le moyen de la récolte[47].

V.3– production et utilisation :

Les huiles essentielles sont obtenues à partir des essences naturelles par l'une des trois méthodes suivantes :

Entraînement à la vapeur d'eau ;

Extraction par un solvant volatil ;

Macération avec utilisation d'une matière grasse comme solvant[48].

Elles sont utilisées pour apporter de la saveur et des arômes raffinés. Ce sont des ingrédients de base pour la préparation des parfums, des savons et des désinfectants.

Elles sont largement utilisées en médecine en qualité d'odorants ou d'agents dans les médicaments à des fins thérapeutiques[45].

VI- Rappel et propriété de la plante :

La botanique a constitué pendant longtemps la partie essentielle de la matière médicale qui était surtout descriptive. Avec la découverte de divers principes actifs, bien définis et structure connue, la part de la chimie est devenue prépondérante.

L'ANIS est une plante très utilisée dans la vie quotidienne[49].

Non scientifique : PINPINELLA ANISUM ;
Non anglais   : ANIS ;
Non français   : ANIS VERT ;
Famille   : OMBELLIFÉRE [50].

VI.1-Caractères biologiques :
- Plante vivace de 30 – 100 cm.
- floraison : juin à septembre :pollinisée par les insectes[50] .

VI.2-Caractère diagnostiques :
- Plante glabre ou brièvement pubescente ;
- Tige souterraine épaisse ;

1 – Tige creuse, sillonnée et anguleuse, ramifiée et feuillée ;

2 – feuilles basilaire pennées; une fois complètement déversées; possédant 5 – 9 folioles ovales (large de 2 – 4 cm) pétiolées; souvent légèrement lobées; avec des dents fortes et inégalitaires ; glabres dessus; légèrement velues en dessous ;

3 – fleurs blanches ou roses ; disposées en ombelle de 8 – 16 rayons glabres ;

4 – Styles réfléchis ;

5 – Fruits ovale ; long de 3mm ; rugueux et striés[50] .

VI.3-Distribution géographique et donné auto écologique :

Spontané en Egypte ; au moyen – orient ; en Grèce, l'Anis est abondamment cultivé dans toutes les régions au climat suffisamment chaud ;
- Micro climat frais ;
- Espèce héliophile ou demi – ombre ;
- Humus : sol riche en bases et en éléments nutritifs ; PH basique à légèrement acide
- Matériaux, argiles de décarbonations, limons (purs, sableux ou caillouteux[51].

Principes actifs et emplois :

L'Anis est expectorant, stomachique, carminatif, anti – spasmodique, galactagogue. Son activité est due surtout à une huile essentielle (2 –3 ℅) riche en anéthol.

L. *Pimpinella anisum*.
F. Anis vert.
E. Anise.

Schéma(11) : L'anis

Discussion des résultats

Discussion des résultats

Introduction :

La partie discussion est subdivisée en trois parties :

La première partie est consacrée à l'étude de la polymérisation cationique du 4-Vinyl chlorure de benzyle dans des conditions bien déterminées tels que la température; la concentration du catalyseur ; et le temps de la réaction.

Dans la deuxième partie, et suivants les données de la littérature [16, 28, 62,65]. On a essayé de modifier le polymère obtenu précédemment ; procédant par des réactions de substitution sur le site polarisé **C-Cl**, utilisant pour cela des nucléophiles oxygénés et azotés.

Dans la troisième partie nous avons essayé d'accéder à une macromolécule qui contient le 4-Vinyl chlorure de benzyle couplé avec un monomère d'origine végétal (l'anéthol ; extrait essentiel de l'anis).

La réaction de copolymérisation a été étudiée sous différentes conditions opératoires dans le but de déterminer les meilleures conditions de performance.

Nous avons essayé de faire le synoptique de chaque synthèse, l'interprétation de chaque résultat, et essayé de donner le mécanisme intime de chaque transformation. Les macromolécules synthétisées ont été identifiées par des méthodes spectroscopiques et physico – chimiques.

I- La réaction de polymérisation du 4-vinyl chlorure de benzyle :

I.1-Caractérisation du monomère 4-vinyl chlorure de benzyle :

Le 4- vinyl chlorure de benzyle utilisé, est un est un liquide huileux de densité d=1.05 ; et de point d'ébullition P_{eb} = **103 –105°C** (littérature P_{eb} = **104**)[69].

Le spectre infrarouge du 4-vinyl chlorure de benzyle **spectre (01)** indique la présence d'un système aromatique donnant des bandes d'absorptions à **1602 et 1506 cm^{-1}**. Ainsi que les bandes d'absorptions suivantes :

$v = 1509, 1602$ cm^{-1} correspond aux système aromatique,

$v = 1620$ cm^{-1} correspond à la vibration d'élongation des liaisons C=C oléfiniques ;

$v = 709$ cm^{-1} correspond aux système para ;

$v = 798$ cm^{-1} correspond au liaison **C-Cl**.

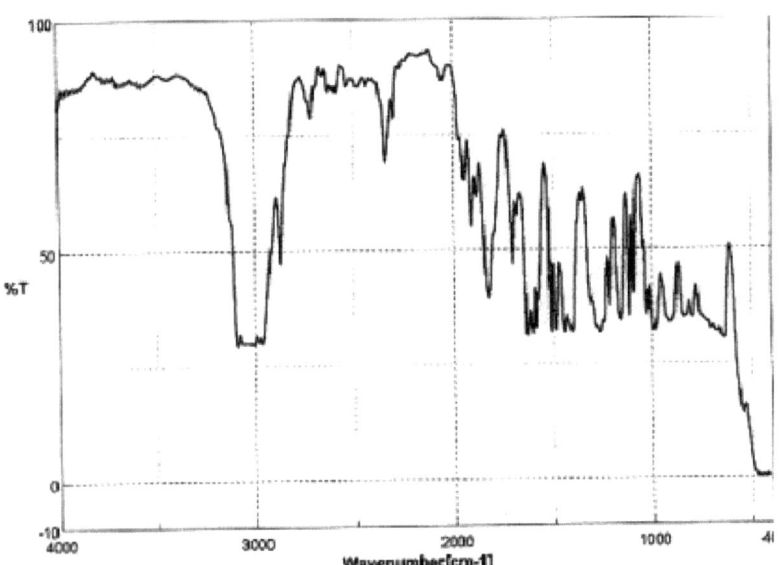

Spectre(1) : spectre IR du 4-vinyl chlorure de benzyle.

L'analyse du spectre RMN^{1}H du 4-vinyl chlorure de benzyle montre les pics suivant :

Un singulet **(2H)** à **4.6ppm correspond aux deux protons Hc ;**

Un doublet dédoublet (1H) à **5**.4 ppm correspond à **Ha**

Un doublet **(1H)** à **6. 5 ppm** correspond à **Hb**.

Un signal à **6. 8 ppm** correspond aux deux protons aromatiques **H_3 et H_5**.

Un signal à **7.5 ppm** correspond aux deux protons aromatiques **H_2 et H_6**.

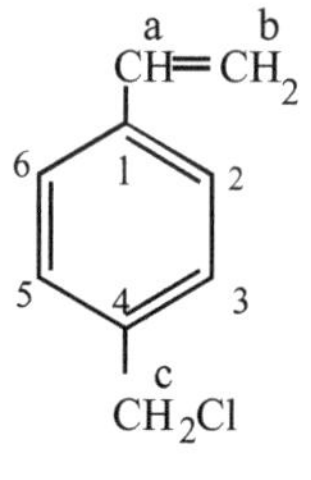

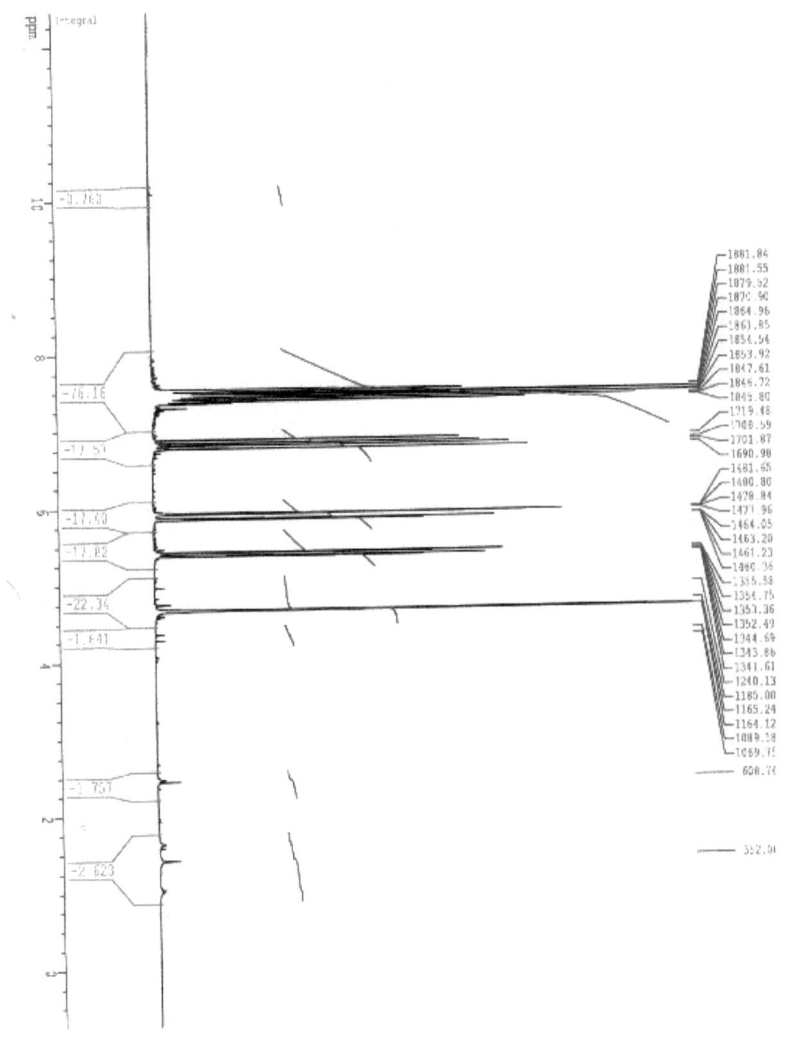

Spectre(2) : RMN 1H du 4-vinyl chlorure de benzyle

I.2-Etude de la réaction de polymérisation du 4-vinyl chlorure de benzyle :

La polymérisation du 4-vinyl chlorure de benzyle a été réaliser par voie cationique, l'initiateur est le tétrachlorure d'étain ; dans le pentane, avait aboutit à un polymère qui s'est précipité dans l'éthanol.

Nous avons étudié la synthèse de ce polymère pour arriver aux ultimes conditions qui donnent le plus grand rendement possible.

Variation de la température :

Maintenant la concentration du catalyseur (10gouttes) soit (0.038mmol) et la durée de la réaction (120min) constants, la température a été variée en polymérisant 0.5g soit (3.27mmol) de monomère dans le pentane à chaque essai, les résultats sont regroupés dans le **tableau(1)**.

Tableau(1) : Effet de la variation de la température sur le rendement de la réaction

$N^{=0}$ d'essai	1	2	3	4	5	6	7	8	9
Température(^{0})	0	10	15	20	25	30	35	45*	60*
Poids (g)	0.010	0.034	0.051	0.064	0.073	0.089	0.098	0.106	0.079
RendementΦ(%)	2.0	6.8	10.2	12.8	14.6	17.8	19.6	21.2	15.8

* dans l'hexane

L'effet de la variation de la température sus le rende ment de la réaction est représentée par la **courbe(1)**.

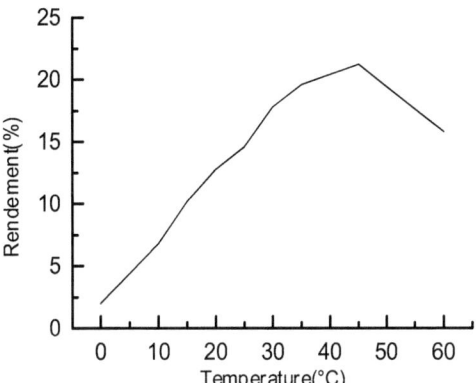

Courbe(1) : variation du rendement de la polymérisation en fonction de la température

Le graphe illustrant le rendement en fonction de la température, montre une augmentation du rendement avec la température, et le meilleur rendement à été obtenu à 35°C (point d'ébullition du pentane), au delà, on ne peut pas augmenter la température malgré qu'on peut avoir une augmentation du rendement de la polymérisation.

L'augmentation du rendement est supposée due à l'insolubilité du 4- vinyl chlorure de benzyle dans le pentane à des basses températures ; et avec l'augmentation de la température ; la solubilité du monomère dans le solvant augmente qui provoque une augmentation dans le désordre chose qui provient l'augmentation de nombre des cites actives et encore une augmentation de la propagation des chaînes.

Mais ça n'est valable qu'aux température relativement basse, à cause du natures des catalyseurs de la polymérisation cationique qui donnent des carbocations moins actifs à des hautes températures [20,70].

I.2.b- Variation du temps :

Maintenant la concentration du catalyseur (10 gouttes) soit (0.038 mmol) et la température de réaction 35°C constants la période de la réaction a été variée en polymérisant 0.5g soit (3.27 mmol) de monomère dans le pentane à chaque essai, les résultats sont regroupés dans le **tableau(2)**

Tableau(2) : Effet de la variation du temps sur le rendement de la réaction

$N^{=0}$ d'essai	1	2	3	4	5	6	7
Temps (mn)	60	90	120	150	180	210	240
Poids (g)	0.041	0.070	0.098	0.109	0.118	0.129	0.102
Rendement Φ (%)	8.2	14.0	19.6	21.8	23.6	25.8	20.4

L'effet de la variation du temps sur le rendement de la réaction est représenté par la **courbe(2)**.

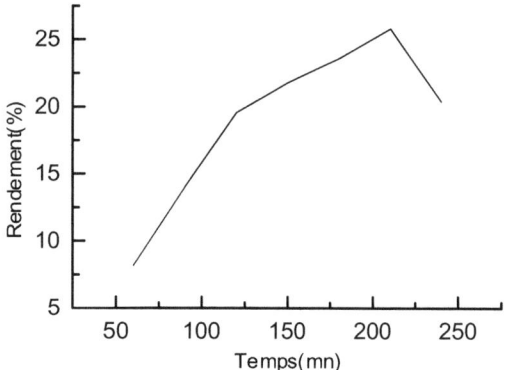

Courbe(2) : variation du rendement de la polymérisation en fonction du temps

Le graphe illustrant le rendement de la polymérisation en fonction du temps montre une augmentation de rendement et atteint sa valeur maximale après **210 mn**, puis il diminue.

Ce qui concerne l'augmentation ; peut être expliqué par l'augmentation du nombre des cites actifs (carbocations) avec le temps ce qui favorisera la polymérisation. La diminution peut être expliquée d'une part à l'insuffisance de la quantité du catalyseur pour la formation de tels cites, et d'autre part par la thermo dégradation des chaînes du polymère avec le temps [59-61].

I.2.c-Variation de quantité du catalyseur :

Maintenant la température de réaction (35°C) et la période de réaction (210 mn), on fait varier la quantité du catalyseur en polymérisant 0.5g soit (0.038 mmol) dans le pentane à chaque essai, les résultats sont regroupés dans le **tableau(3)**

Tableau(3) : Effet de la variation du quantité du catalyseur sur le rendement de la réaction

N=0 d'essai	1	2	3	4	5	6
catalyseur(mmol)	0.0114	0.0228	0.0342	0.0456	0.057	0.076
Poids (g)	0.078	0.129	0.135	0.149	0.156	0.152
Rendement Φ (%)	15.6	25.8	27.0	29.8	31.2	30.4

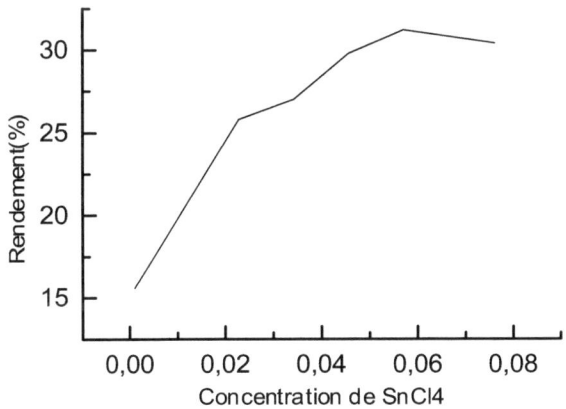

Courbe(3) : Variation du rendement de la polymérisation en fonction de la quantité du catalyseur

On remarque que le rendement de la polymérisation augmente progressivement avec la quantité du catalyseur ; sa valeur maximale est obtenue à 15gouttes soit (0.057mmol), au-delà de cette valeur il diminue.

L'augmentation peut être expliquée par le fait que les monomères possédant un groupe donneur d'électrons forme avec la case vacante de l'$SnCl_4$ (catalyseur) des liaisons de coordination ainsi la polymérisation ne peut commencer qu'après la saturation des groupes donneurs d'électrons du monomère et la quantité restante du catalyseur jouera alors le rôle de précurseur de la polymérisation[54,71].

Par comparaison, on peut dire que la polymérisation du 4–Vinyl chlorure de benzyle, ne peut être concrétisée que pour des concentrations élevées du catalyseur. Ce qui donne l'opportunité à toutes les molécules du monomère de se saturer en formant des liaisons de coordination avec l'$SnCl_4$ qui possède une case vacante **schéma(1)**.

Schéma (1)

La diminution peut être expliqué par la forte concentration du catalyseur qui gène la réaction de copolymérisation[75].

Le meilleur rendement de la polymérisation cationique du 4 – Vinyl chlorure de benzyle sous la pression atmosphérique (1atm) utilisant le pentane comme solvant, et l'SnCl₄ comme catalyseur est de 31.2% dans les conditions regroupé dans le **tableau (4)** :

Tableau (4) : les conditions du meilleur rendement de la cationique du 4 – Vinyl chlorure de benzyl

Température(^{0}c)	35
Temps (mn)	210
catalyseur(mmol)	0.057

I.3-La réaction de polymérisation du 4-vinyl chlorure de benzyle :
I.3.a-Mécanisme de polymérisation :

La réaction globale peut se résumer comme suit :

$$n \underset{CH_2Cl}{\underset{|}{C_6H_4}}-CH=CH_2 \xrightarrow[\text{Pentane} / 35\_C]{SnCl_4 / H_2O} -(CH-CH_2)_n- \text{ avec } CH_2Cl$$

Schéma(2)

Le mécanisme de polymérisation cationique se déroule en trois étapes :

Première étape : réaction d'amorçage :

$$SnCl_4 + H_2O \longrightarrow SnCl_4OH^-, H^+$$

$$SnCl_4OH^-, H^+ + \underset{CH_2Cl}{\underset{|}{\bigcirc}}-CH=CH_2 \longrightarrow \underset{CH_2Cl}{\underset{|}{\bigcirc}}-\overset{+}{C}H-CH_3 , SnCl_4OH^-$$

Schéma(3)

Deuxième étape : réaction de propagation :

$$\underset{CH_2Cl}{\underset{|}{\bigcirc}}-\overset{+}{C}H-CH_3 , SnCl_4OH^- + n\underset{CH_2Cl}{\underset{|}{\bigcirc}}-CH=CH \longrightarrow CH_3-CH\underset{CH_2Cl}{\underset{|}{\bigcirc}}-(CH_2-CH\underset{CH_2Cl}{\underset{|}{\bigcirc}})_{n-1}-CH_2-\overset{+}{C}H\underset{CH_2Cl}{\underset{|}{\bigcirc}} , SnCl_4OH^-$$

Schéma(4)

Troisième étape : réaction de terminaison :

$$CH_3-CH\underset{CH_2Cl}{\underset{|}{\bigcirc}}-(CH_2-CH\underset{CH_2Cl}{\underset{|}{\bigcirc}})_{n-1}-\overset{H}{\underset{|}{C}}H-\overset{+}{C}H\underset{CH_2Cl}{\underset{|}{\bigcirc}} , SnCl_4OH^- \longrightarrow CH_3-CH\underset{CH_2Cl}{\underset{|}{\bigcirc}}-(CH_2-CH\underset{CH_2Cl}{\underset{|}{\bigcirc}})_{n-1}-CH=CH\underset{CH_2Cl}{\underset{|}{\bigcirc}} + H_2O + SnCl_4$$

Schéma(5)

I.3.b-Caractérisation du poly-4- vinyl chlorure de vinyle :

Le polymère obtenu est sous forme d'un solide jaune claire, insoluble dans les solvants disponible à notre laboratoire, gonflant dans le chloroforme, et qui se décompose à une température de 130°C, à été caractérisée par des méthodes spectroscopiques usuelles (IR est RMN).

1- infra-rouge :

L'analyse des spectres infra-rouge **spectre(4)** du poly-4- vinyl chlorure de benzyle traité par le Nujol nous a permis de tirer les résultats cités dans le **tableau (5)** :

Tableau (5) : L'analyse des spectres infra-rouge du poly-4- vinyl chlorure de benzyle

BANDES D'ABSORBTION (CM^{-1})	ATTRIBUTION	MONOMERE	POLYMERE
1620	C=C	+	-
1602	C=C (Ar)	+	+
1506	H-C (Ar)	+	+
1160	$(CH_2)_n$	-	+
798	C-Cl	+	+

L'analyse du spectre infrarouge du poly –4-vinyl chlorure de benzyle montre la disparition de la bande **1620 cm^{-1}** caractéristique de la liaison double benzylique **(C=C)**, et la persistance des autres bandes observé au spectre infrarouge d'anéthol :(**1602 ; 1506 ; 1160 ; 721 cm^{-1}**) ; ce qui confirme que la polymérisation cationique du 4-vinyl chlorure de benzyle au pentane à lieu.

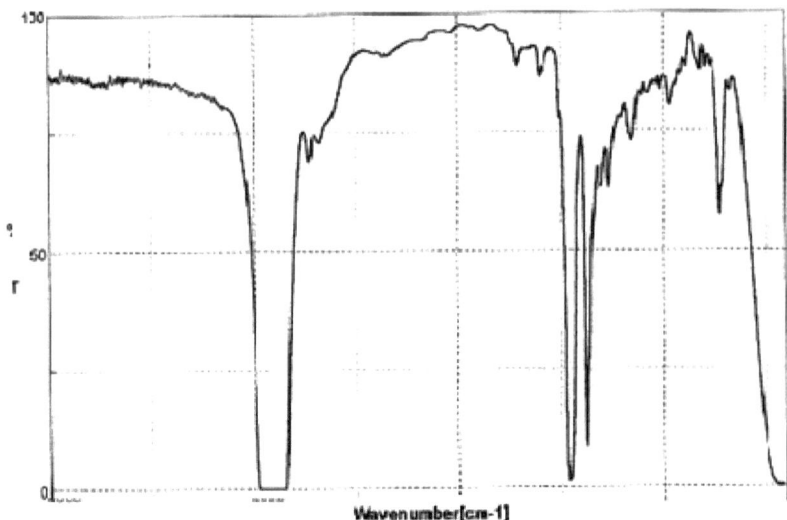

Spectre(4) : IR du poly-4- vinyl chlorure de benzyle

Par RMN^{1}H :

L'analyse des spectres RMN^{1}H **spectre (5)** du poly –4- vinyl chlorure de benzyle nous a permis de tirer les signaux larges suivants :

7.3-6.7 ppm provient des protons du noyau aromatique ;

4.6-4.2 ppm attribué aux protons du groupe **CH$_2$-Cl** ;

2.5-0.9 ppm attribués aux protons de la chaine polymérique.

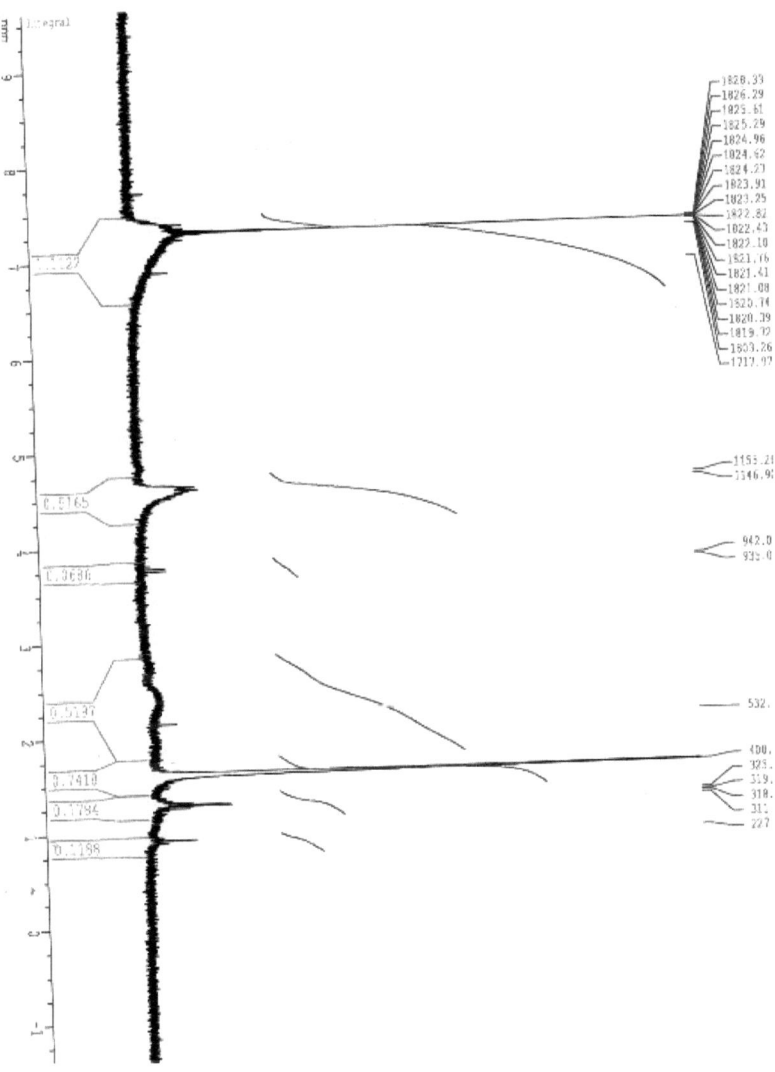

Spectre(5) : RMN^{1}H du poly –4- vinyl chlorure de benzyle

II-La modification du poly-4- vinyl chlorure de benzyle :

La substitution nucléophile consiste à remplacer par un réactif nucléophile un atome ou un groupe d'atomes liés un carbone. Ses applications étant nombreuses et variées[65].

De façon générale, les réactions de substitutions des polymères, sont des réactions analogues à celle que l'on utilise couramment en chimie organique classique, mais la substitution sur un polymère peut évoluée complètement ou incomplètement suivant la nature et les propriétés physiques (solubilité, gonflement) du polymère[16].

Les réactions de modification (par un nucléophile oxygéné ou azoté) se font par un mécanisme de substitution d'ordre 1 : le système sur lequel se déroule la substitution est un système benzylique qui forme un carbocation très stable par résonance **schéma (6)**[72].

Schéma(6)

II.1-La modification du poly-4- vinyl chlorure de benzyle par un nucléophile oxygéné

II.1.a-Préparation d'Alcoolates de sodium :

L'alcoolate c'est le sel qui se forme lors de substitution de l'hydrogène fonctionnel d'hydroxyde O-H par un métal d'électropositivité forte tel que (le sodium) suivant la réaction [73] :

$$ROH + Na \longrightarrow RO\text{-}Na^+ + \tfrac{1}{2} H_2$$

Schéma(7)

Pour obtenir un gramme d'alcoolate de sodium convenable à chaque alcool on à utiliser les quantités illustrées dans le **tableau (6)**.

Tableau (6) : les quantités utilisé Pour obtenir un gramme d'alcoolate de sodium

L'alcool	Volume d'alcool	Quantité du sodium
Méthanol	0.67 ml	0.425 g
Ethanol	0.83 ml	0.338 g
Propanol	0.82 ml	0.280 g

II.1.b- Les réactions de substitutions:

La modification réalisée sur le poly-4-vinyl chlorure de benzyle par des nucléophiles oxygéné nous a permis d'obtenir des polymères modifiés suivant le mécanisme suivant:

Première étape : formation du carbocation

Schéma(8)

Deuxième étape :

Schéma(9)

L'analyse du spectre infrarouge du polymère modifié par la méthanolate de sodium **spectre (6)** montre l'existence de la bande située vers **721 cm^{-1}** caractéristique de la liaison C-Cl avec une intensité moins ; et l'apparition des bandes **2854 cm^{-1}** et **1267 cm^{-1}** caractéristiques du groupement **O-CH$_3$** et O-R. Ce qui prouve la modification partielle du 4- poly- vinyl chlorure de benzyle comme le montre le **schéma(10)**.

Schéma(10)

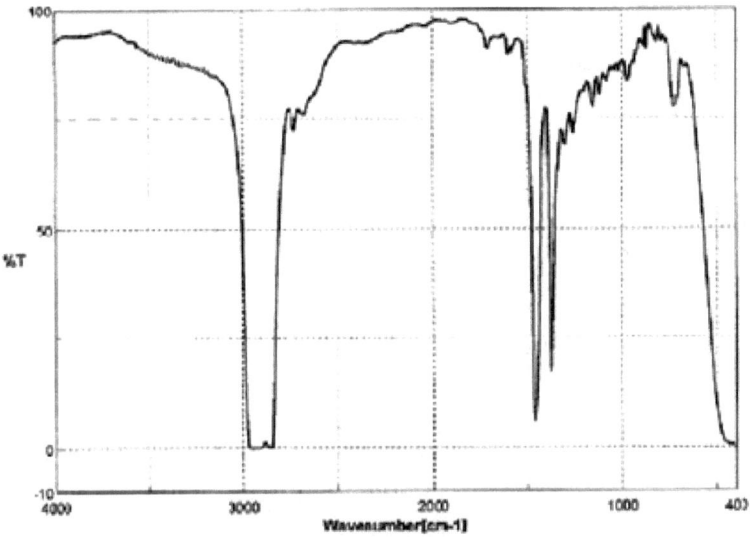

Spectre(6) :- IR du polymère modifié par la méthanolate

L'analyse des spectres infrarouges du polymère modifié par l'éthanolate et la propanolate du sodium spectre(7) et (8) montre la persistance de la bande **721 cm-1** caractéristique de la liaison **C-Cl** ; avec l'apparition de la bande **1267cm-1** caractéristique des fonctions **O-R**. Dans ce cas la modification de quelques sites seulement est dévisagée.

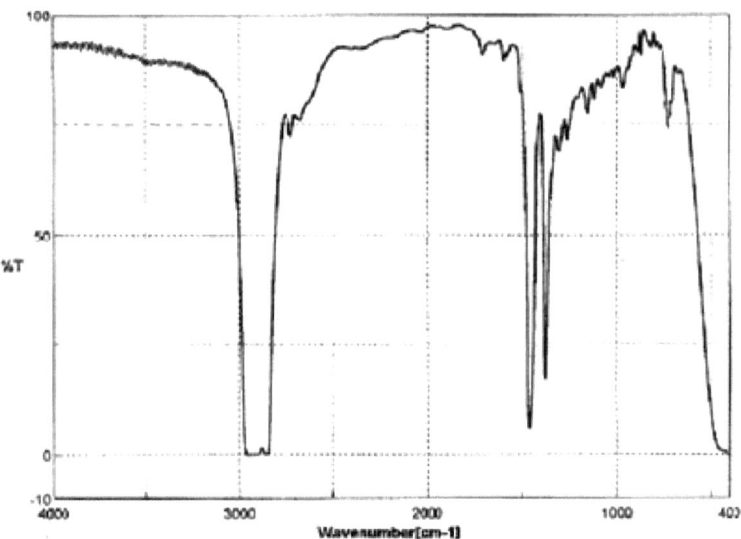

Spectre(7) :- IR du polymère modifié par l'éthanolate

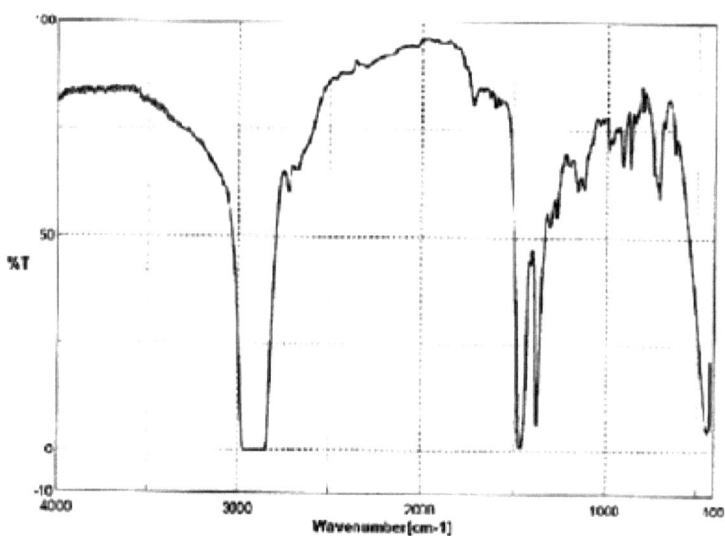

Spectre(8) : IR du polymère modifié par la propanolate

Etudiant le degré de la substitution du poly-4-vinyl chlorure de benzyle par des nucléophiles oxygéné ; les résultats sont classé dans le **tableau(7)**

Tableau (7) : le degré de la substitution du poly-4-vinyl chlorure de benzyl par des nucléophiles oxygéné

	4-VBC	4-VBC traité par la méthanolate du sodium	4-VBC traité par l'éthanolate du sodium	4-VBC traité par la propanolate du sodium
Transmitance de la liaison C-Cl	57.44	75.01	67.15	60.15

D'après les valeurs de la transmitance ; on peut dire que la modification du poly-4-vinyl chlorure de benzyle est plus importante lorsque le volume du nucléophile est petit

II.2-La modification du poly-4- vinyl chlorure de benzyle par un nucléophile azoté :

La modification réalisé sur le poly-4- vinyl chlorure de benzyle par les nucléophiles azotés nous a permis d'obtenir des polymères modifié suivant les mécanismes suivant :

Pour le méthyle amine :

Etape-1- :

Schéma(11) :

Etape-2- :

Schéma(12)

Pour les nucléophiles di-azotés :

a = 2 ou 6

-2-

Schéma(13)

L'analyse du spectre infrarouge du poly-4-vinyl chlorure de benzyle modifié par le méthyl amine **spectre(9)** montre la persistance de la bande situé vers 721 cm^{-1} caractéristique de la liaison **C-Cl** avec une augmentation de transmitance de **57.44** à **70.39**, et l'apparition des nouvelles bandes vers **3300 – 3390 cm^{-1}** et **1630 cm^{-1}** caractéristiques de la liaison **N-H**.

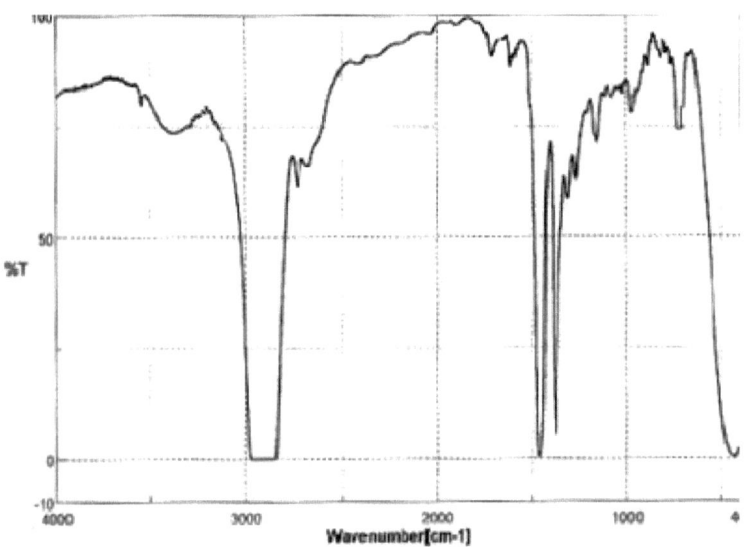

Spectre(9) : infrarouge du poly-4-vinyl chlorure de benzyl modifié par le methyl amine

L'analyse des spectres infrarouges du poly-4-vinyl chlorure de benzyle modifié par le 1,2- diamino méthane et le 1,6- diaminohexane **spectre(10)** et **spectre(11)** montrent la disparition totale de la bande située vers 721 cm^{-1} caractéristique de la liaison **C-Cl** avec l'apparition de la bande située vers **3300 -3590 cm-1** et **1630 cm^{-1}** caractéristique de la liaison **N-H**.

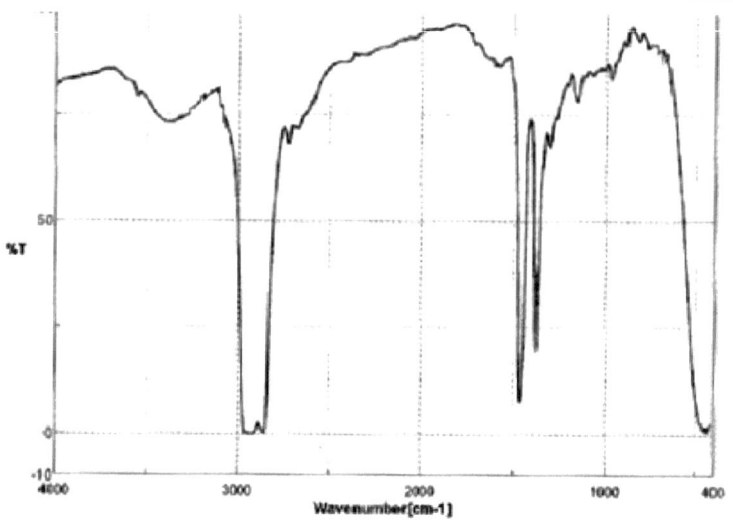

Spectres(10) : infrarouges du poly-4-vinyl chlorure de benzyle modifié par le 1,2- diaminoéthane

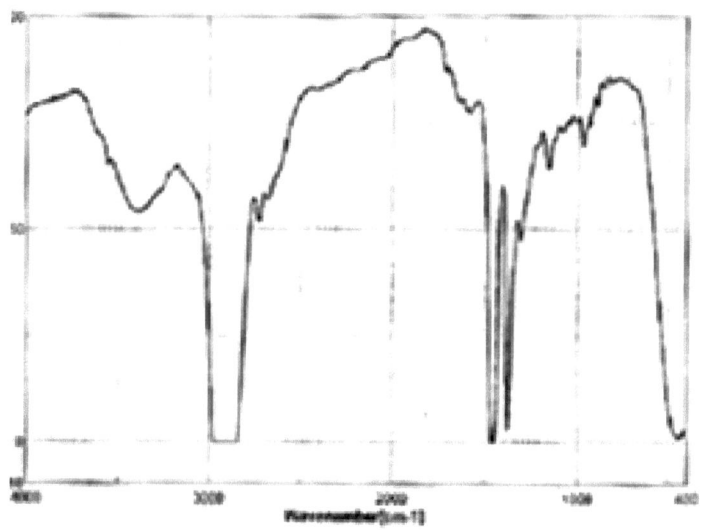

Spectres(11) : infrarouges du poly-4-vinyl chlorure de benzyle modifié par le 1,6- diaminohexane

Discussion des résultats

La transmitance de la liaison N-H dans le polymère modifié parle 1,2- diamino éthane est de 73.20 plus grand que celle du 1,6- diamino hexane **54.06** ce qui peut expliquer par un pourcentage élevé de la di-substitution **Schéma (13-1)** pour le premier et un pourcentage élevé de la mono- substitution **Schéma (13-2)** pour le deuxième.

Etudiant le pourcentage de la substitution du poly-4- vinyl chlorure du benzyle par les nucléophiles azotés ; les résultats sont regroupés dans le **tableau(8)** :

tableau(8) : le pourcentage de la substituiton du poly-4- vinyl chlorure du benzyle par les nucléophiles azotés

	poly-4-VCB	poly-4- VCB modifié par NH_2-CH_3	poly-4-VCB modifié par $NH_2-(CH_2)_2-NH_2$	poly-4-VCB modifié par $NH_2-(CH_2)_6-NH_2$
Transmetance% de C-Cl	57.44	70.39	-	-

D'après ce tableau, on peut conclure que la modification du poly4-vinyl chlorure de benzyle est complète pour les nucléophiles di-azotés et inachevé pour les nucléophiles mono azotés. Cela peut due à la grande nucléophilité des composés di-azotés[68.73], et de plus, à la double réactivité des nucléophiles di-azotés comparants aux mono[68.72].

Donc, on peut dire que la substitution nucléophilique sur les polymères est un peut différente à celle sur les petites molécules organiques, chose qui est due aux propriétés physiques différentes des polymères.

Il arrive que le nucléophile attaque toutes les positions de la substitution ou seulement quelques sites d'après sa réactivité et son volume.

III-La synthése du copo-(4-vinyl chlorure de benzyle -1-méthoxy-4-(propényl benzène))

III.1-Isolement de l'huile de l'anéthole (1-methoxy-4- (propenyl benzène)) de la plante de l'anis :

L'opération d'Isolement de l'huile de l'anéthole (1-methoxy-4- (propenyl benzène) s'effectue par la méthode d'entraînement de la vapeur. L'anéthol existe sous la forme solide au dessous de 23°C (point de fusion de l'anéthol), cela permet d'obtenir l'anéthol pur par filtration à froid.

La filtration donne une matière solide soluble dans certains solvants organique tels que : l'éther, l'acétone, l'hexane et le dichlorométhane.

Le test par CCM [Al2O3, hexane : diéthyle éther (1 : 1)] montre l'existence d'une seul tache de facteur de rétention **Rf = 0.88** ; ce qui prouve que le composé obtenu est pur. Le point d'ébullition de ce solide est environ **235-237°C**.

III.1.a-Identification du produit isolé :

III.1.a$_1$-Identification par IR et RMN^{1}H

L'analyse spectrale par l'infrarouge **spectre(12)** de l'huile isolée de l'anis montre les bandes d'absorption suivantes :

3010 cm^{-1} : vibration d'élongation du groupement **C-H** oléfinique ;

2900-2950 cm^{-1} : vibration d'élongation du groupement **C-H** aliphatique ;

2830 cm^{-1} : vibration d'élongation du groupement **O-CH$_3$** ;

1620 cm^{-1} : vibration d'élongation du groupement **C=C** oléfinique ;

1609 cm^{-1} : vibration d'élongation du groupement **C=C** aromatique ;

1509 cm^{-1} : vibration de déformation du groupement **C-H** aromatique.

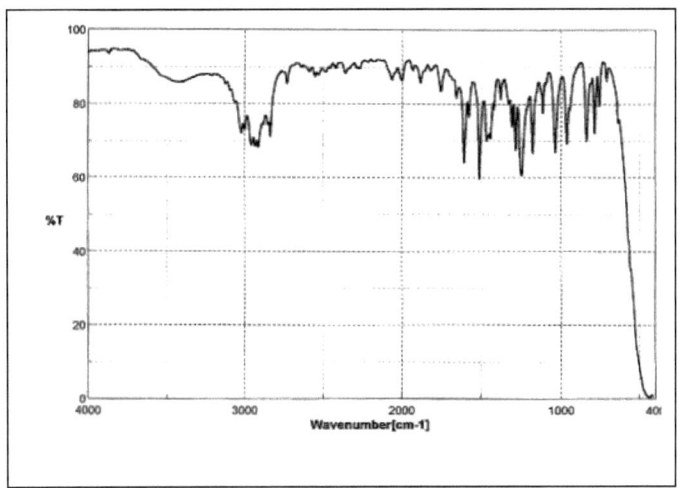

Spectre(12) : IR d'anéthol

L'analyse du spectre RMN^{1}H de cette huile **spectre(13)** montre les piques suivants :

Un doublet au voisinage de **7.5 ppm** est attribué aux protons **H-3** et **H-5** ;

Un doublet au voisinage de **7.0 ppm** attribué aux deux protons **H-6** et **H-2** ;

Un doublet à **6. 5ppm** et le multiplet à **6. 25 ppm** correspondent aux deux protons Ha et Hb ;

Un singulet au voisinage de **3.8 ppm** attribué aux trois protons de groupement **O-CH$_3$** ;

Un doublet dédoublé à **1.8 ppm** correspond aux trois protons **Hc** d'anéthol.

Ces bandes et pics indiquent les caractéristiques de l'anéthol **Schéma(14)** :

Schéma (14) : l'anéthol

Discussion des résultats

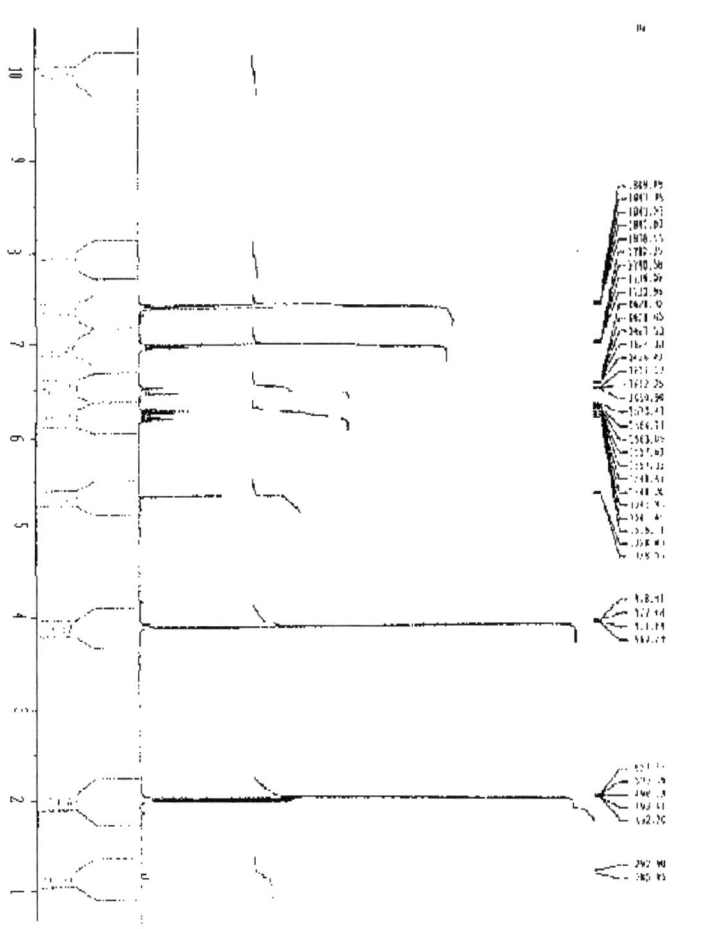

Spectre(13) : RMN¹H :d'Anéthol

61

III.1.a$_2$-Identification par les transformations chimiques

III.1.a$_2$.1-Préparation de l'acide anésique :

Les alkyles benzènes (R-Ar) sont facilement oxydables par les agents d'oxydation classiques comme le permanganate de potassium (KmnO$_4$) et le bichromate de sodium (Na$_2$Cr$_2$O$_7$) en milieu acide. Une telle oxydation n'affecte pas le noyau benzénique, elle conduit à des acides carboxyliques aromatiques[74].

L'oxydation de l'anéthol donne l'acide anésique sous forme d'un solide jaunâtre, de point de fusion 170-174°C. Le rendement de la réaction est évalué à 47.30 %.

Schéma(15) : Acide anésique

III.1.a$_2$.2- Estérification de l'acide anésique :
*Préparation de méthoxy-4 benzoate de méthyle :

Les esters sont généralement préparés par réaction d'un alcool avec un acide carboxylique en présence d'un acide minéral servant comme catalyseur.

La réaction d'estérification s'effectue par chauffage à reflux d'un mélange d'acide anésique et un excès de méthanol catalysé par l'acide sulfurique (H$_2$SO$_4$). Cette réaction conduit à la formation de méthoxy-4 benzoate de méthyle (**Schéma 28**). C'est un produit blanc ; cristallin de point de fusion **45-50°C (littérature 49°C)**, et de rendement de **28.57 %**.

$$\text{[COOH, OCH}_3\text{ benzene]} \xrightarrow{\text{CH}_3\text{OH / H}^+} \text{[COOMe, OCH}_3\text{ benzene]}$$

Methoxy-4-Benzoate de méthy

Schéma (16)

Le spectre RMN^{1}H de l'ester (**spectre14**) présente les pics suivant :

Un doublet à **8.0 ppm** provient des deux protons équivalents **H-2** et **H-6** ;

Un doublet à **6. 9 ppm** attribué aux deux protons **H-3** et **H-5** ;

Deux singulets au voisinage de **3.9 ppm** attribués aux trois protons du groupement (**O-Me**) et (**O-Me$_{ester}$**).

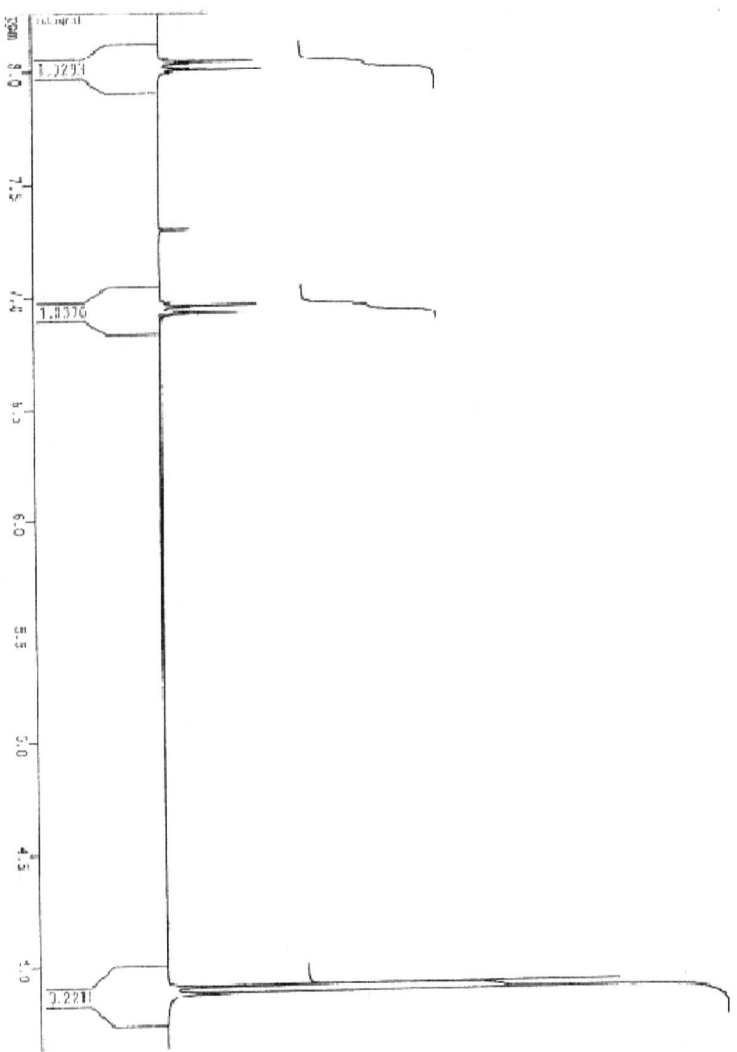

Spectre(14) : RMN^{1}H de méthoxy-4 benzoate de méthyle

III.2 La réaction de la copolymérisation :
III.2.a-La polymérisation d'Anéthol dans le pentane :

Le poly-anéthol obtenue (poly-1-méthoxy-4-(propényl benzène)), est une matière blanche soluble dans le chloroforme, de point de fusion P_{fus}=140-142°C.

L'analyse du spectre infrarouge du poly –anéthol **spectre(15)** montre la disparition de la bande **1620 cm^{-1}** caractéristique de la liaison double benzylique (**C=C**), et la persistance des autres bandes observé au spectre infrarouge d'anéthol :(**1609 ; 1509 ; 1160 ; 709cm^{-1}**) ; ce qui confirme que la polymérisation cationique d'anéthol au pentane à lieu.

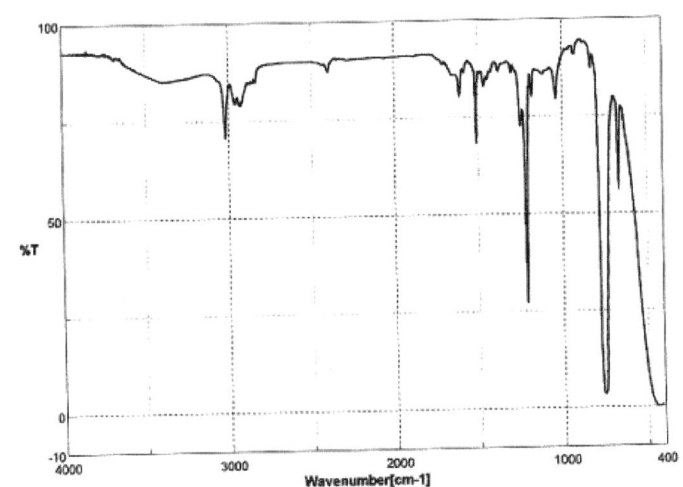

Spectre(15) : infrarouge du poly anéthole

L'analyse RMN^{1}H du poly- anéthol **spectre(16)**, représente quatre signaux large :

0.5-1.0 ppm et **1.5- 2. 5 ppm** attribuées aux protons aliphatiques de la chaîne polymérique ;

3.5- 4 ppm provient des protons de groupements **OMe** ;

6.0- 7.4 ppm provient aux protons des noyaux aromatiques.

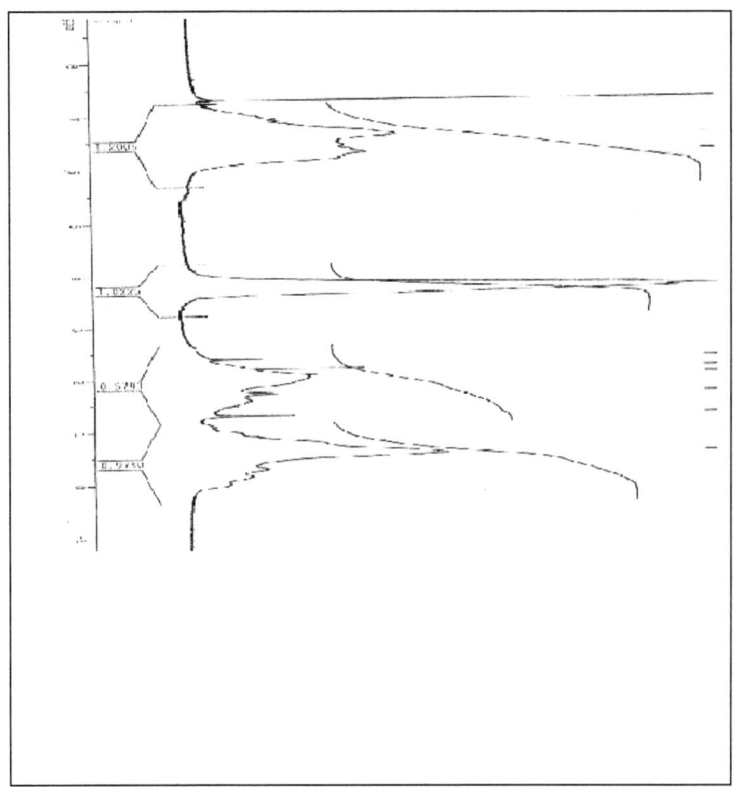

Spectre(16) : RMN^{1}Hdu poly- anéthol

III.2.b-Etude de la réaction de la copolymérisation :

Nous avons essayé d'étudier la copolymérisation cationique du 0.5 g (3.28mmol) de 4-vinyl chlorure de benzyle avec un monomère d'origine végétale 0.48g (1-methoxy-4- (propenyl benzène)) dans des conditions opératoires différentes : La température, la concentration du catalyseur, le temps de la réaction et le pourcentage de chaque monomère.

III.2.b$_1$- Effet de la variation de la température :

Dans ce cas, la température a été variée dans un ordre croissant de 0°C à 35°C, avec la même concentration du catalyseur et la même durée de la réaction. Les résultats obtenus sont illustrés dans le **tableau(9)**.

Tableau(9) : Effet de la variation de la température sur le rendement de la réaction

N$^{=0}$ d'essai	1	2	3	4	5	6	7
Température(^{0}c)	0	10	20	25	30	35	60*
Poids (g)	0.06	0.08	0.13	0.15	0.17	0.19	0.09
Rendement Φ (%)	6	8	13	15	17	19	9

* Dans l'hexane

L'effet de la variation de concentration de la température sur le rendement de la réaction est représenté dans la **courbe(4)**

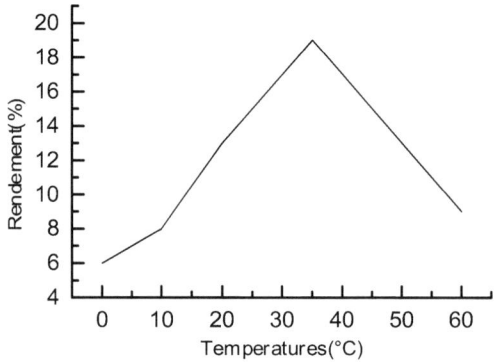

Courbe(4) : variation du rendement de la copolymérisation en fonction de la température

Le graphe illustrant le rendement en fonction de la température, montre une augmentation du rendement avec la température, et le meilleur rendement à été obtenu à 35°C (point d'ébullition du pentane), au de la on observe une diminution.

L'augmentation du rendement est supposée due à l'insolubilité des monomères dans le pentane à des basses températures ; et avec l'augmentation de la température ; la solubilité des monomères dans le solvant augmente qui provoque une augmentation dans le désordre chose qui provient l'augmentation de nombre des cites actives et encore une augmentation de la propagation des chaînes.

Mais ça n'est valable qu'aux températures relativement basse, à cause de la nature des catalyseurs de la polymérisation cationique qui donnent des carbocations moins actifs à des hautes températures [20,70].

Le meilleur rendement a été obtenu a une température de 35°C

III.2.b_2 - Effet de la variation de concentration du catalyseur ($SnCl_4$) :

Dans l'étude de l'effet de la variation de la concentration du catalyseur sur le rendement de la réaction, nous avons maintenu la température, la durée de la réaction et la quantité des deux monomères constants, la concentration en tétrachlorure d'étain ($SnCl_4$) varie de 0.019mmol/dm^3 à 0.095mmol/dm^3.

Les résultats obtenus sont reportés dans le **tableau(10)**

Tableau(10) : Effet de la variation de concentration du catalyseur sur le rendement de la réaction

$N^{=0}$ d'essai	1	2	3	4	5
catalyseur (mol/l)	0.019	0.038	0.057	0.076	0.095
Poids (g)	0.02	0.03	0.06	0.19	0.01
Rendement Φ (%)	2	3	6	19	1

L'effet de la variation de concentration du catalyseur sur le rendement de la réaction est représenté dans la **courbe(5)**

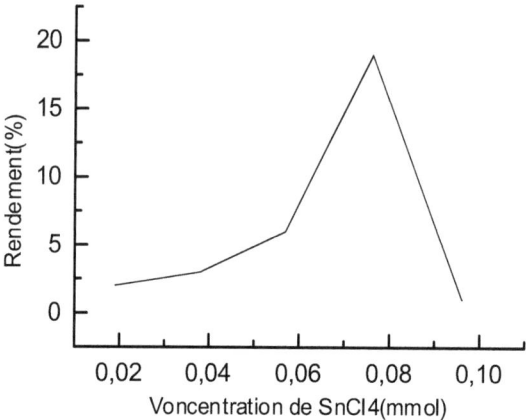

Courbe(5) : la variation de concentration du catalyseur sur le rendement de la réaction

On remarque, que le rendement de la réaction augmente progressivement avec la concentration du catalyseur et prend une valeur maximale pour une concentration de 0.076mmol. Au-delà de cette valeur le rendement de la copolymérisation diminue.

L'augmentation peut être expliquée par le fait que les monomères possédant un groupe donneur d'électrons forme avec la case vacante de l'$SnCl_4$ (catalyseur) des liaisons de coordination ainsi la polymérisation ne peut commencer qu'après la saturation des groupes donneurs d'électrons du monomère et la quantité restante du catalyseur jouera alors le rôle de précurseur de la polymérisation[54,71].

Ce qui concerne la diminution ; elle peut expliquer par la forte concentration du catalyseur qui gène la réaction de copolymérisation[75].

III.2.b₃- Effet de la variation du temps :

Dans l'étude de l'effet de la variation du temps sur le rendement de la copolymérisation, on variant le temps de la réaction, maintenant la concentration du catalyseur la température et la quantité des deux monomères constants.

Les résultats obtenus sont rassemblés dans le **tableau(11)**

Tableau(11) : Effet de la variation du temps sur le rendement de la réaction :

N⁼⁰ d'essai	1	2	3	4	5	6	7
Temps (mn)	60	90	120	150	180	210	240
Poids (g)	0.04	0.12	0.19	0.53	0.18	0.08	0.06
Rendement Φ (%)	4	12	19	53	18	8	6

La **courbe (6)** représente la variation du rendement de la réaction en fonction du temps

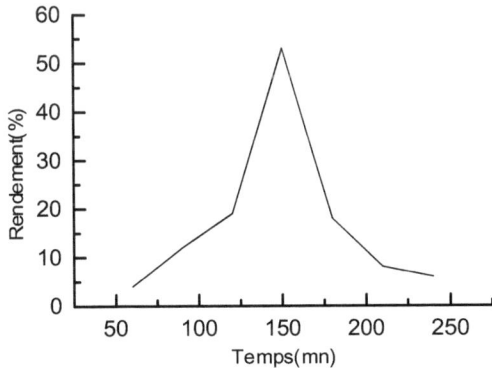

Courbe(6) : variation du rendement de la copolymérisation en fonction du temps

Le graphe illustrant le rendement de la copolymérisation en fonction du temps montre une augmentation de rendement et atteint sa valeur maximale après 180 mn, puis il diminue.

Ce qui concerne l'augmentation ; peut être expliqué par l'augmentation des nombres des cites actifs (carbocations) avec le temps ce qui favorisera la polymérisation. La diminution peut être expliquée par la thermo dégradation des chaînes du polymère avec le temps[59-61].

III.2.b₄- Effet de la variation des quantités des monomères :

Maintenant la température (35°C), la concentration du catalyseur 20 gouttes soit (0.076mmol/dm^3) et la durée de la réaction 150mn constantes, les quantités des deux monomères a été variée. Les résultats sont regroupés dans le **tableau(12)**.

Tableau(12) : Effet de la variation des quantités des monomères sur le rendement de la réaction :

N° d'essai	1	2	3
4- vinyl chlorure du benzyle (g)	0.5	0.5	1
1-methoxy-4-(propenyl benzène(g)	0.48	0.96	0.41
Poids(g)	0.53	0.24	0.17
Rendement Φ (%)	53	24	17

L'effet de la variation des concentrations des monomères sur le rendement de la réaction est représenté dans la **courbe (7)**

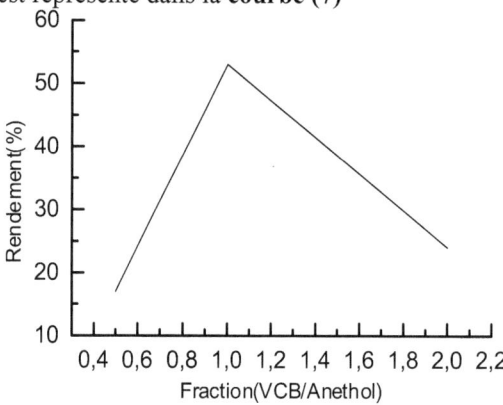

Courbe(7):la variation des concentrations des monomères sur le rendement de la réaction

Lorsqu'on a des pourcentages égaux des deux monomères, la probabilité de la participation des deux monomères dans la propagation des chaînes du copolymère est presque la même. Prenant en conte que l'anéthol est le monomère le plus soluble dans le pentane (désordre élevé), ce dernier participe donc avec un pourcentage élevé ; et a cause de sa grande réactivité le 4- vinyl chlorure de benzyle **schéma(17)** il va participer avec un pourcentage pas mal. C'est pour ça que la propagation des chaînes sur les têtes formées est grande.

Le copolymère formé dans ce stade à un point de fusion $P_f=134°C$, et non pas un point de décomposition, donc il est possible qu'il contienne une quantité plus importante d'anéthol que le 4- vinyl chlorure de benzyle.

Lorsqu'on a une proportion 4- vinyl chlorure de benzyle / anéthol : 1/2, la probabilité de la participation de l'anéthol dans le copolymère est plus importante que celle du 4- vinyl chlorure de benzyle (désordre important), mais avec un rendement moins important que celle du pourcentage 1/1 a cause de la faible réactivité d'anéthol **schéma (18)**

Le copolymère formé dans ce stade à un point de fusion Pf=135°C, et non pas un point de décomposition, donc, il est possible qu'il contienne une quantité plus importante d'anéthol que le 4- vinyl chlorure de benzyle.

Lorsqu'on a une proportion 4- vinyl chlorure de benzyle / anéthol : 2/1, la probabilité de la participation du 4- vinyl chlorure de benzyle dans le copolymère est plus importante que celle d'anéthol. L'obtention du faible rendement est causée à l'insolubilité du 4- vinyl chlorure de benzyle dans le solvant (diminution du désordre), donc la probabilité d'une rencontre molécule 4- vinyl chlorure de benzyle-tête propageant est très faible.

Le copolymère formé dans ce stade à un point de décomposition = 130°C, et non pas un point de fusion, donc, il est possible qu'il contient une quantité plus importante de 4- vinyl chlorure de benzyle que l'anéthol.

Et tout cela reste seulement des suppositions des structures de ces copolymères, qu'ils demandent des profondes analyses à fin de confirmer les justes structures, et la qualité des branchements dans chaque copolymère.

III.3-Le mécanisme de la copolymérisation :
La réaction globale :

$$n \; CH_2=CH-C_6H_4-CH_2Cl \; + \; y \; CH=CH-C_6H_4-OCH_3 \xrightarrow[35°C]{SnCl_4 / Pentane} [-CH-CH_2-CH(CH_3)-CH-CH_2-]_{n+y-2}-CH-CH_2$$

Schéma (17)

Le monomère le plus réactif c'est celui le moins stable ; donc et d'après le **schéma(18)** on peut dire que le 4- vinyl chlorure de benzyle c'est le plus réactif.

Discussion des résultats

[Schéma (18) - structures de résonance des cations]

Schéma(18)

Le mécanisme de la copolymérisation s'effectue en trois étapes :

Première étape : réaction d'amorçage ; on suppose que le monomère attaqué le premier c'est le monomère le plus réactif ;

$$SnCl_4 + H_2O \longrightarrow SnCl_4OH^-, H^+$$

$$SnCl_4OH^-, H^+ + \underset{R_1}{CH}=CH_2 \longrightarrow SnCl_4OH^-, \underset{R_1}{\overset{+}{C}H-CH_3}$$

$$R_1 = \underset{CH2Cl}{\underset{|}{\bigcirc}}$$

Schéma (19)

74

Deuxième étape : réaction de propagation ; la tête propageant construite à l'étape d'amorçage peut attaquer les deux monomères soit :

$$SnCl_4 OH^-, \overset{+}{C}H-CH_2 + CH=CH_2 \longrightarrow SnCl_4 OH^-, \overset{+}{C}H-CH_2 - CH-CH_2$$
$$\quad\quad\quad\quad\quad R_1 \quad\quad\quad R_1 \quad\quad\quad\quad\quad\quad\quad\quad R_1 \quad\quad\quad R_1$$

$$SnCl_4 OH^-, \overset{+}{C}H-CH_2 + CH=CH_2 \longrightarrow SnCl_4 OH^-, \overset{+}{C}H-CH-CH-CH_2$$
$$\quad\quad\quad\quad\quad R_1 \quad\quad\quad R_2 \quad\quad\quad\quad\quad\quad\quad\quad\quad\quad\; CH_3$$
$$\quad\quad\quad\quad\quad\quad\quad\quad\quad\quad\quad\quad\quad\quad\quad\quad\quad\quad\quad R_2 \quad\quad\; R_1$$

$$R_2 = \text{—C}_6\text{H}_4\text{—OCH}_3$$

Schéma(20)

Le long de cette étape, la tête construite dans l'étape précédente peut attaquer les deux monomères pour obtenir un enchaînement altéré, séquencé ou aléatoire. Le monomère qui termine l'enchaînement du copolymère est celui qui a une réactivité faible.

$$SnCl\,OH^-, \overset{+}{C}H-CH_2 + n-1\,\overset{+}{C}H-CH_2 + y\,\overset{+}{C}H-CH_2 \longrightarrow CH_2-CH-CH-\underset{R}{\overset{\grave{R}}{C}}\underset{n+y-1}{\rule{1em}{0.4pt}}CH-\underset{R}{\overset{\grave{R}}{C}}{}^+SnCl\,OH$$
$$\quad\quad\quad\quad R_1 \quad\quad\quad\quad\; R_1 \quad\quad\quad\; R_2 \quad\quad\quad\quad\quad R_1$$

$R = R_1$ OU R_2
$\grave{R}$ = H ou CH_3

Schéma(21)

Troisième étape : réaction de terminaison :

$$CH_2-\overset{R'}{\underset{R_1}{CH}}\left[CH-\overset{R'}{\underset{R}{C}}\right]_{n+y-1}CH-\overset{R'}{\underset{R}{\overset{+}{C}}}, SnCl_4OH^- \longrightarrow CH_2-\overset{R'}{\underset{R_1}{CH}}\left[CH-\overset{R'}{\underset{R}{C}}\right]_{n+y-1}CH=\overset{R'}{\underset{R}{C}} + SnCl_4 + H_2O$$

Schéma(22)

III.4-Identification du copolymère :

Le copolymère obtenu est un solide blanc, il a été caractérisé par des méthodes spectroscopique usuelles (IR et RMN).

1-Infrarouge : L'analyse spectrale par l'infrarouge **spectre(19)** du produit obtenu montre les bandes d'absorption suivantes :

3000- 2920 cm^{-1} : vibration d'élongation du groupement **C-H** ;

2830 cm^{-1} : vibration d'élongation du groupement **O-CH$_3$** ;

1620 cm^{-1} : vibration d'élongation du groupement **C=C** oléfinique ;

1609 cm^{-1} : vibration d'élongation du groupement **C=C** aromatique ;

1509 cm^{-1} : vibration de déformation du groupement **C-H** aromatique.

721 cm^{-1} : vibration d'élongation du groupement **C-Cl**.

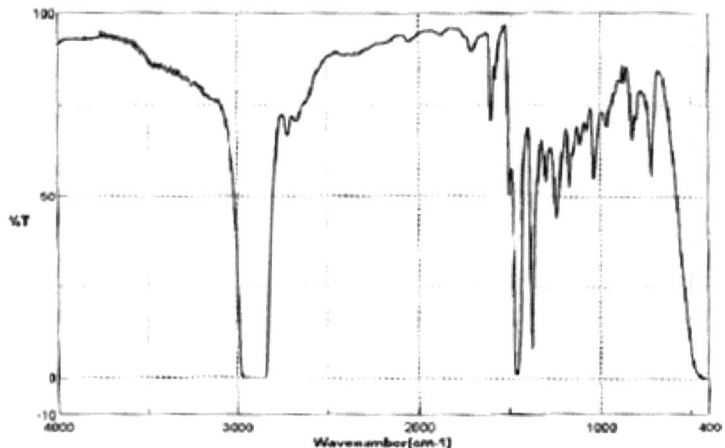

Spectre(17) : IR du copolymère

L'analyse des spectres infrarouges des monomères et du copolymère obtenu, nous a permis de tirer les conclusions citées dans le **tableau(13)**

Tableau(13) : bandes d'absorption principales des monomères et du copolymère :

Bande d'absorption(cm-1)	attribution	Vinyl chlorure de benzyle	anéthole	copolymère
3050-3060	=C-H	+	+	-
3000-2920	C-H	+	+	+
1509	C=C	+	+	-
1609	C=C (Ar)	+	+	+
721	C-Cl	+	-	+
2850-2810	O-CH$_3$	-	+	+

L'analyse du spectre infrarouge du copoly –4-vinyl chlorure de benzyle - anéthol montre la disparition de la bande 1620 cm^{-1} caractéristique de la liaison double benzylique (C=C), et la persistance des autres bandes observé aux spectres infrarouges du 4-vinyl chlorure de benzyle et d'anéthol : **(1602 ; 1506 ;**

1160 ;705 ; 721cm^{-1}) ; ce qui confirme que la copolymérisation cationique du 4-vinyl chlorure de benzyle avec l'anéthol au pentane à lieu.

Par la spectroscopie RMN ^{1}H

L'analyse RMN^{1}H du copolymère obtenue **spectre(18)**, représente quatre signaux larges :

7.5-6.0 ppm provient aux protons des noyaux aromatiques ;

4.6 –4.3 ppm attribué aux protons du groupe **O-Me** ;

4 -3.4 ppm provient des protons de groupements **Me** ;

1.0-0.2 ppm attribués aux protons aliphatiques de la chaîne polymérique.

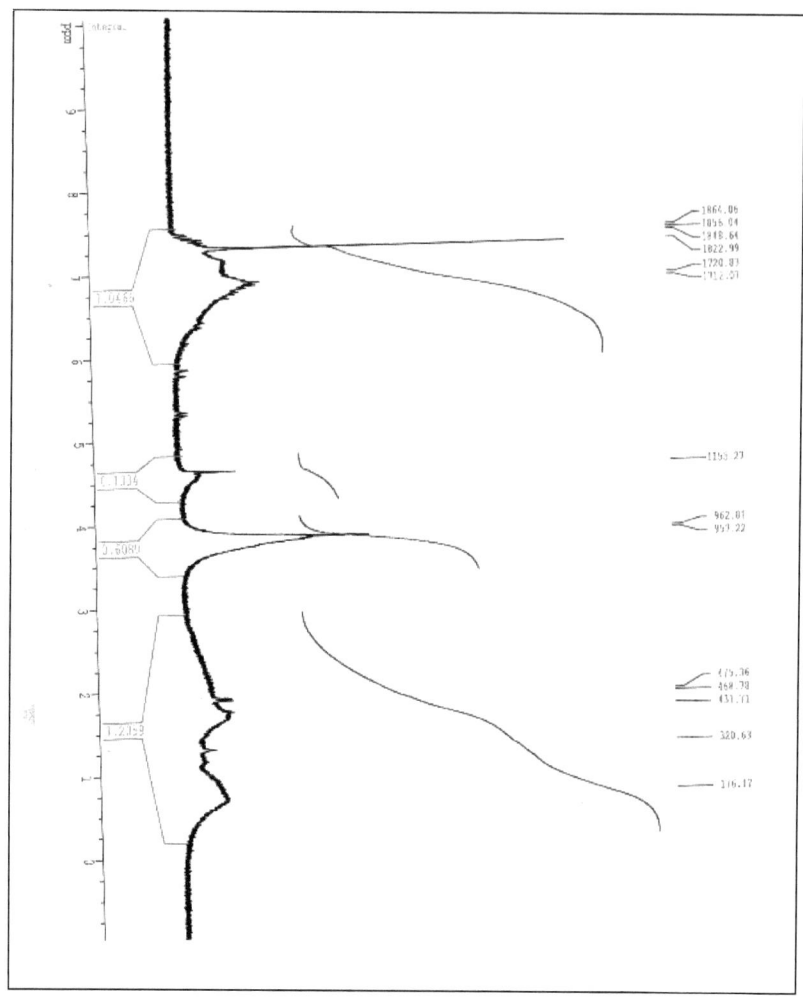

Spectre(18) : RMN ^{1}H du copolymère

Partie expérimentale

Introduction :

Pour la réalisation de ce travail expérimental, nous avons eu recours à des méthodes de polymérisation [54-61], de substitution (modification), et de copolymérisation[62], et après inauguration de plusieurs essais, nous avons abouti aux ultimes procédés, dont les méthodes et les résultats seront cités par la suite.

En premier lieu, nous nous somme borné à synthétisé le poly-4–vinyl chlorure de benzyle par voie cationique ; en utilisant le tétra chlorure d'étain comme amorceur de polymérisation ;

En deuxième lieu ; nous avons réalisé des modifications de notre polymère synthétisé en utilisant des réactions de substitutions avec des nucléophiles oxygénés et azotés;

En fin, et à cause de l'intérêt remarquable des polymères à base de monomères naturels, nous avons voulu obtenir une matière contenant notre monomère couplé avec un monomère d'origine naturel, c'est pour cette raison qu'on a ajouté à notre travail une partie contenant une réaction de copolymérisation.

I-Généralités sur les méthodes d'analyse utilisées :
a- spectroscopie infrarouge :

Les échantillons à l'état liquide, sont étalés respectivement sur deux fenêtres d'une cellule en NaCl. Par contre les échantillons solides sont mélangés avec le Nujol et analysé sous forme de film[63,64].

On a procédé à l'établissement des spectres infrarouges des produits synthétisés, extraits, au moyen d'un spectrophotomètre type **FTR. 457**.

b- **spectroscopie de résonance magnétique nucléaire(RMN) :**

La spectroscopie RMN est une méthode d'identification sure et rapide de la structure d'une molécule[66].

Pour analyser les produits obtenus on a utilisé un spectrophotomètre type **BUCHER AC 250MHZ**. Les échantillons sont analysés dans le chloroforme deutérié (**CDCl$_3$**).

c- **Propriétés physiques :**

c_1- **point de fusion :**

La mesure du point de fusion nécessite l'utilisation d'un appareil type **BUCHI 510, T (0-360)**.

C_2- **point d'ébullition :**

La détermination du point d'ébullition des produits liquides à été réalisée par la méthode classique qui basée sur l'utilisation d'un tube capillaire.

I-Synthèse de polymères par voie cationique

I.1.-Montage de la polymérisation :

Le montage de la réaction comporte un ballon tricol de 100 ml muni d'un réfrigérant, une plaque chauffante équipée d'un agitateur magnétique ; un bain de huile et un thermomètre (voir l'annexe).

Les monomères ont été purifiés par chromatographie sur colonne avant chaque réaction[67].

I.2- Polymérisation cationique de 4–vinyl chlorure de benzyle dans le pentane[35,59,61] **:**

Dans un ballon tricol de 100 ml, équipé d'un thermomètre un barreau magnétique, sont introduits 0.5 g(3.28m mol) de monomère, 20 ml de n-pentane. Le contenu est maintenu sous agitation constante pendant 10 mn à une température souhaitée, le tétrachlorure d'étain ($SnCl_4$) est alors ajouté goutte à goutte à l'aide d'une seringue avec précaution. Le mélange réactionnel a été maintenu sous agitation vigoureuse pendant un temps bien déterminé à une température souhaitée.

La solution polymérique obtenue est ramenée à la température ambiante, le polymère est récupéré par précipitation dans un excès d'un non solvant sous une agitation vigoureuse ; le polymère précipité est alors isolé par filtration puis purifié par lavage par le même précipitant.

I.2.a- Caractérisation du 4–vinyl chlorure de benzyle :

Le 4–vinyl chlorure de benzyle est un liquide huileux incolore de point d'ébullition

$P_{ébu}$ =(104°C).

IR : ν_{max} (cm^{-1}) : **1620 ; 1602 ; 1506 ; 709 ; 721.**

RMN^{1}H dans le $CDCl_3$ δ (ppm) .**7.5 (m. 2H), 6.8 (m. 2H), 5.9 (d. 1H), 5.4 (dd.1H), : 4.6 (s. 2H).**

II.2.b- Caractérisation du poly- 4–vinyl chlorure de benzyle :

Le poly- 4–vinyl chlorure de benzyle est un solide de couleur jaune, insoluble, il se gonfle dans le chloroforme ; de point de décomposition vers 135°C.

IR : ν_{max} (cm^{-1}) : **1602 ; 1506 ; 709 ; 721**.

RMN^{1}H dans le $CDCl_3$ δ (ppm) : **6.7-7.3(large) ; 4.6-4.2(large) ; 0.9-2.5 (large).**

II- La modification du poly4–vinyl chlorure de benzyle [28,62] :

II.1- Montage de la modification :

Le montage de la réaction comporte un ballon réactionnel de 100 ml muni d'un réfrigérant, une plaque chauffante équipée d'un agitateur magnétique ; un bain d'huile et un thermomètre.

II.1.a- la modification du poly4–vinyl chlorure de benzyle par un nucléophile oxygéné :

II.1.a$_1$-préparation des alcoolate de sodium[68] :

Dans des béchers de 50 ml, sont introduites des quantités appropriées de l'alcool désiré et des quantités convenables de sodium, le contenu de chaque Becher est laissé sous la hotte, après 72 h , 1g d'une matière blanche est récupéré sur les parois des béchers ; c'est le sel du sodium de chaque alcool utilisé .

II.1.a$_2$- Les réactions de substitution[28,62,63] :

Dans un ballon réactionnel, sont introduits 0.2 g du poly4–vinyl chlorure de benzyle avec 40 ml de chloroforme, le mélange réactionnel à été maintenu sous agitation magnétique jusqu'à l'obtention d'une suspension polymérique gonflée.

1 g d'alcoolate de sodium convenable sont alors ajoutés. Le mélange réactionnel est maintenu sous agitation constante pendant 180 mn à une température convenable.

Après retour à la température ambiante le produit final est récupéré après addition de 20 ml de l'alcool d'alcoolate utilisé, filtration, lavage par le même alcool et séchage dans l'étuve à 30°C pendant 72 h.

Tableau(1) : les alcools et les alccoolates utilisées

L'alcool	L'alcoolate convenable
CH_3OH	CH_3O^-, Na^+
$CH_3\text{-}CH_2OH$	$CH_3\text{-}CH_2O^-, Na^+$
$CH_3\text{-} CH_2CH_2OH$	$CH_3\text{-}CH_2CH_2O^-, Na^+$

II.1.b-La modification du poly4–vinyl chloride de benzyl par un nucléophile azoté :

II.1.b$_1$-La substitution par un nucléophile mono azoté (méthyle amine) :

Dans un ballon, sont introduits 0.2 g du poly4–vinyl chlorure de benzyle et 20 ml de chloroforme, le mélange réactionnel à été maintenu sous agitation magnétique jusqu'à l'obtention d'une suspension polymérique gonflée. 15 ml de méthyle amine (d=1.56) sont alors ajoutés. Le mélange réactionnel obtenu est maintenu sous agitation constante pendant 180 mn sous une température de 60°C.

A l'issu de la réaction, le mélange réactionnel est ramené à température ambiante. Le polymère modifié est précipité par addition de 15 ml d'éthanol sous une forte agitation pendant 10 mn. En fin le polymère modifié est récupéré par filtration puis purifié par lavage par l'éthanol, et séché dans l'étuve à 30°C pendant 72 h.

II.1.b_2-La substitution par un nucléophile diazoté :

Dans un ballon, sont introduits 0.2 g du poly4–vinyl chlorure de benzyle et 20 ml de chloroforme, le mélange réactionnel à été maintenu sous agitation magnétique jusqu'à l'obtention d'une suspension polymérique gonflée. 10 ml du nucléophile diazoté et 1 g de carbonate de potassium (K_2CO_3) sont ajoutés au mélange réactionnel qui est maintenu sous agitation magnétique à une température de 60°C pendant 180 mn. Le contenu réactionnel obtenu est ramené à la température ambiante. Après addition de 40 ml d'eau distillée et d'agitation magnétique vigoureuse pendant 10 mn ; le polymère modifié est récupéré par filtration, lavé (3 * 20 ml) dans l'eau distillé et séché dans une dessiccateur pendant 48 h.

Tableau(2) : Les diamines utilisées.

Diamine utilisée
1,2-diamine éthyléne ;
1,6-diamine hexane.

II.2-La caractérisation des poly4–vinyl chlorure de benzyle modifiés :

Les polymères modifiés ont été caractérisées par voie spectrale utilisant la spectroscopie IR qui nous permet de calculer directement la valeur de la transmitance. L'analyse des spectres IR des polymères modifiées par un nucléophile oxygéné nous a permis d'identifier les bandes d'absorption suivantes :

IR : v_{max} (cm^{-1}) : **2853**(seulement pour le polymère modifier par la méthanolate du sodium) ; 1602 ; 1506 ; **1265-1267**,709 ; **721**.

L'analyse des spectres IR des polymères modifiées par un nucléophile azoté (mono / bi azoté) nous a permis d'identifier les bandes d'absorption suivantes :

IR : v_{max} (cm^{-1}) : **3300-3500** ; **1630** ; 1602 ; 1506 ,709 ; 721.

III-Synthése du copo-(4-vinyl 4–vinyl chlorure de benzyle-1-méthoxy-4-(propényl benzène)) :

III.1-Isolement et purification de l'Anéthol de l'Anis[54] :

Nous avons appliqué les méthodes classiques de séparation et des tests chimiques pour isoler et identifier le principe actif contenu dans l'huile essentielle de l'Anis.

III.1.a-Isolement de l'huile d'Anis :

Dans un ballon de 1000 ml, sont introduits 100 g de grains d'Anis et 500 ml d'eau distillée. L'homogénéité de l'ébullition est assurée à l'aide d'une baguette en verre. Le ballon est muni d'un condensateur en position inclinée à fin de faciliter l'écoulement du distillat (voir l'annexe). Le mélange est chauffé graduellement à l'aide d'un chauffe ballon ; jusqu'à ce que le contenu du ballon devient sec ; 500 ml d'eau distillée sont alors ajoutés à fin d'extraire le maximum d'huile. Le distillat récupéré (700 ml) dans l'erlenmayer récepteur .est refroidi et filtré sur buchner. La matière solide récupérée est dissoute dans 300 ml de dichlorométhane , après séchage avec $MgSO_4$ (anhydre) et évaporation du solvant ; une huile de couleur jaunâtre d'une odeur piquante a été obtenue avec un rendement de 4.45٪ (4.45 g) .

III.1.b- Identification de produit isolé :

III.1.b_1 -Identification par IR et RMN^{1}H

Anéthole : liquide P_{eb} =**235 –237^{0}C**, P_{fusion} = **23°C.**

IR :(net) (cm^{-1}) : **3010 ; 2900 ; 1600 ; 1500 ; 1620 ; 2830 .**

Rmn^{1}H (250MHZ) dans le $CDCl_3$, δ(PPM) : **1.8(d,3H) ; 3.8(s,3H) ;6.2(m,) ; 6.5(d,1H)**

III.1.b_2 - Préparation de l'acide anésique[65] :

A un ballon de 250ml contenant 15g de glace et 15ml d'acide sulfurique concentré(97٪) ; 1.48g d'anéthol sont ajoutés. Le mélange réactionnel est chauffé jusqu'à 30^{0}C. Quelques gouttes d'une solution aqueuse de bichromate de sodium ($Na_2Cr_2O_7.H_2O$) 95٪, sont alors ajoutées jusqu'à ce que le mélange prenne une coloration verte foncée. La température du mélange est maintenue entre 25-60^{0}C. L'addition de la solution oxydante est poursuivie pour assurer une oxydation totale. A la fin de l'addition ; le mélange réactionnel est encore chauffé à 70-80^{0}C pendant 10 mn. 15 g de glace sont alors ajoutés et le mélange réactionnel est extrait par le dichlorométhane (trois fois 100 ml). La phase organique isolée est lavée par 100 ml d'eau distillée, séchée par le Na_2SO_4 est filtrée. Après l'évaporation du solvant ; 1.33g d'acide anisique sont obtenus sous forme d'un solide de couleur brune et de point de fusion 155-156^{0}C.

III.1.b_2.1- Purification de l'acide anésique :

L'acide anésique obtenu précédemment est traité avec 10 ml d'hydroxyde de sodium (2N) puis filtré. Le filtrat obtenu est neutralisé à l'aide d'une solution d'acide chlorhydrique (2N), jusqu'à acidification de la solution. La solution aqueuse est alors extraite par l'éther diéthylique (trois fois 50 ml). La phase organique ainsi obtenue est séchée à l'aide de Na_2SO_4 anhydre et filtrée. Après évaporation du solvant ; 0.70g d'acide anésique de couleur jaunâtre et de point de fusion 172-174 ^{0}C (littérature 174 ^{0}C) [69] sont obtenus.

III.1.b$_3$- Préparation de méthoxy-4-benzoate de méthyle[63] :

Dans un ballon de 100ml contient 10ml de méthanol et 0.5ml d'acide sulfurique concentré (H_2SO_4) 97%, sont introduits 0.70g d'acide anésique tout en agitant. Le mélange est chauffé jusqu'à 'ébullition pendant une heure ; A l'issu de la réaction ; le mélange réactionnel est ramené à température ambiante, transféré dans une ampoule à décantée contenant 15ml d'eau distillée. L'extraction du produit se fait à l'aide de l'éther éthylique (2 * 25ml).

La phase organique isolée est lavée successivement par 10ml d'eau distillée, 10ml d'une solution aqueuse $NaHCO_3$ (5%) (Pour éliminer les traces d'acide) et finalement 10 ml d'une solution saturée de NaCl. La phase organique est séchée sur Na_2SO_4 et après filtration et évaporation du solvant, 0.29g d'un liquide huileux de couleur brune sont obtenus.

La purification par chromatographie sur colonne (gel de silice) fourni 0.2g de méthoxy-4 benzoate de méthyle sous forme de cristaux blancs, de point de fusion P_f = 49^{0}C (littérature P_f = 49[69]). Le rendement de la réaction est évalué à 28.57 %.

III.1.b$_3$.1- Identification du méthoxy-4-benzoate de méthyle

Rmn^{1}H dans le $CDCl_3$ δ(PPM) : **8.0 (d,2H) ; 6.9 (d,2H) ; 3.9 (s,3H) ; 3.85 (s,3H)**

III.2-synthèse du poly 1-méthoxy-4-(propényl benzène) dans le pentane[54,55] :

Dans un ballon tricol contenant 20 ml de pentane sont introduits 0.5 g (3.38mmol)d'anéthole. Le mélange est chauffé à 35 °C sous agitation magnétique, 20 gouttes (0.076mmol) de $SnCl_4$ sont alors ajoutées, le mélange réactionnel est maintenu sous agitation pendant 120 mn. A l'issu de la réaction le mélange réactionnel est ramené à température ambiante. Le polymère est précipité par addition de 20 ml d'éthanol, l'agitation est encore poursuivie pendant 15 mn. Le précipité blanc récupéré par filtration sous vide, purifié par un lavage par l'éthanol et séché dans l'étuve à 30°C pendant 72 ; fourni 0.12g de poly 1-méthoxy-4-(propényl benzène).

III.2.a-Identification du poly 1-méthoxy-4-(propényl benzène) :

La caractérisation du poly 1-méthoxy-4-(propényl benzène) à été fait par détermination d'un caractère physique (point de fusion) ainsi par des méthodes spectrales (IR et RMN ^{1}H).

-Point de fusion :

Le point de fusion du poly 1-méthoxy-4-(propényl benzène) est situé entre (140-142°C).

-Spectroscopie IR :

Une quantité suffisante du polymère est dissoute dans le chloroforme puis étalée sur une fenêtre de NaCl. Le spectre obtenu montre les bandes d'absorption suivantes :

v_{max}(cm-1) : 2960 ; 2825 ; 1600 ; 1580 ; 1500 ; 1460 ; 1380 ; 1260 ; 1190 ;1160 ;1125 ; 1100 ; 850 ; 770 .

-Spectroscopie RMN^{1}H :

RMN^{1}H (250MHZ) dans CDCl3 (δ PPM) : **7.4-6.0 (large,4H) ; 2.5-1.5 (large,2 H) ;1.0-0.5 (large,3 H)**

III.3- Synthèse du copo (4-vinyl benzyl chloride-1-méthoxy-4-(propényl benzène)) [28,62] :

Dans un ballon tricol de 100ml ; contenant 20 ml de pentane sont introduits des quantités appropriées de 4-vinyl chlorure de benzyle et de 1-méthoxy-4-(propényl benzène). Le mélange est maintenu sous une agitation magnétique à une température souhaitée. Après la fixation de la température, une quantité appropriée d'initiateur ($SnCl_4$) est introduite. Après retour à la température ambiante ; la réaction est stoppée (après un temps désiré) par addition de 20 ml d'alcool éthylique sous une agitation vigoureuse pendant 15 mn ,le copolymère est isolé par filtration sous vide ,puis purifié par lavage par l'alcool éthylique et en fin séché dans l'étuve à 30°C pendant 48 h .

III.3.a-Identification du copo (4-vinyl chlorure de benzyle -1-méthoxy-4-(propényl benzène)) :

Le copolymère 4-vinyl chlorure de benzyle -1-méthoxy-4-(propényl benzène) est un solide blanc soluble dans le chloroforme.

La caractérisation du copolymère à été faite par voie spectrale utilisant la spectroscopie IR et RMN^{1}H, et par la détermination du point de fusion.

-Point de fusion :

Le point de fusion du copolymère 4-vinyl chlorure de benzyle-1-méthoxy-4-(propényl benzène) (1 : 1) est situé vers **135-139°C** ;

Le point de décomposition du copolymère 4-vinyl chlorure de benzyle -1-méthoxy-4-(propényl benzène) (2 :1) est situé vers **128-132°C** ;

Le point de fusion du copolymère 4-vinyl chlorure de benzyle -1-méthoxy-4-(propényl benzène) (1 :2) est situé vers **132-137°C**.

-La spectroscopie IR :

IR : ν_{max} (cm^{-1}) : **2850**, 1600 ; 1500 ; 709 ;.**721**

-la spectroscopie RMN^{1}H :

RMN^{1}H (250MHZ) dans CDCl3 (δ ppm) : **7.5-6(large)** ; **4.6-4.3 (large)** ; **4-3.4(large)** ; **1.0-.02(large)**.

Conclusion générale

Conclusion générale

La polymérisation cationique du 4 − vinyl chlorure de benzyle, par un initiateur **Friedel Crafts** ($SnCl_4$), dans le pentane à été étudié dans des conditions opératoires bien déterminées (la température, la concentration du catalyseur et le temps de la réaction). Le meilleur rendement de la polymérisation a été obtenu à une température de 35°C, la concentration du catalyseur est de 0.057 mmol, pendant un temps de 210 mn.

Les réactions de substitutions ont été considérées comme des réactions de modifications du poly 4- vinyl chlorure de benzyle. Ces dernières ont effectué par des nucléophyles oxygénés et azotés ; Les modifications effectuées par les nucléophyles oxygénés-nous à donné des poly-4 - vinyl chlorure de benzyle modifier d'une façon inachevée ; selon le volume et la force du nucléophyle ; par contre les nucléophyles azotés nous a donné des poly-4 - vinyl chlorure de benzyle modifier d'une façon inachevé pour les mono, et des poly-4 - vinyl chlorure de benzyle modifier complètement pour les di- azoté, ces derniers peut réagir d'une façon mono ou di-nucléophylité selon la taille et la force du nucléophyle utilisé.

On peut dire donc, que la substitution nucléophilique sur les polymères est un peut différente à celle effectué sur les petites molécules organiques, chose qui est due aux propriétés physiques différentes des polymères

L'anéthol c'est l'extrait principal dans l'huile essentiel d'Anis. Sa structure voisine à celle du 4 - vinyl chlorure de benzyle, et la présence d'une double liaison dans leur structure- nous à permis d'étudier leur copolymérisation avec le monomère sujet de projet (le 4 - vinyl chlorure de benzyle) sous différentes conditions de performance (la température, la concentration du catalyseur, le temps et les quantités des monomères) dans le but de déterminer leurs meilleures conditions de performance.

Le meilleur rendement obtenu lors de la réalisation de la copolymérisation est celui qui est effectué aux conditions (35°C, concentration du catalyseur 0.076mmol, temps de 150mn avec des pourcentages égaux des deux monomères).

Références bibliographiques

Références bibliographiques :

1- George champetier, Chimie macromoléculaire II, Hermann, Parie 1970, P :12-28,182, 250.

2- I. moukhlenov, principes de technologie chimique ; édition Mir Moscou, 1986 P 335-336.

3- G. B. Bachman et coll ,jour .org .chem .(1977) ,P : 12, 108.

4- R. K, jenkins, N. R.Byrd et J.L. Lister,journ appl . polym . Science, (1976), 12, 2059.

5- M . Fontanille , Y .Gnanou ; les macromolécules, encyclopédie universalis ; france 1999,P 1-6.

6- T. W.G. Solomons ; organique chemistry ;sixth edition ,1996,John wileey& sons Inc , P :855-856.

7-E. Bayer,les polymères ; revue pour la science ,decembre ,1986 ,P : 115-116.

8- J .P,Mercier , E. Marechal ; chimie des polymères : synthése , réaction , dégradation , éditions presses polytechniques universitaires , romandes , lausane 1993.

9- P.deletil ; les supermolécules de la chimie ; revue science et avenir,Mai 1982 ,P : 84–90 .

10-A.A.Efendiev ; modification of complexing polymer sorbents ; instiyute of polymer materials of Azerbaijan ;Sumgait , p : 1.25,84-99.

11-m. Madkour ,polymère , synthèse macromoléculaire ,Tome 1 , office des publications universitaires , Alger . (1982) , P : 2-12,61-86.

12-R. Detter et G. Froyer , introduction aux matériaux polymères , Lavoisier TEC & DOC.

13- V.Potapovet et S. Tatarinchic , chimie organique édition Mir (1981) p :16.

14- J. MC. Merry , organique chemistry , by Wadsworth , Inc ,(1984) , p :215.

الصناعات الكيميائية العضوية الجزء الثاني د عبد الحامد حداد مديرية الكتب و المطبوعات الجامعية جامعة 15

حلب 22-24 .

16- George champetier ; Lucien Monnerie, Introduction à la chimie macromoléculaire, Masson1969 P :75,76.

17- R.J. Young and P.A. Lovell , Introduction to polymers , second edition, Chapman and Hall P :63-68.

18- W.R Sorenson and T.W.Campbell , preparative methods of polymer chemistry, New – york, J. Wiley 1971 P :21 ;15.

19-J. M.Teder, A. Nechavatal and A. H. Jubb , Basic organique chemistry . Parts 5, Prod, John Wiley & Sons, londre (1985) P:85,89.

20- George champetier , Chimie macromoléculaire I, Hermann, Parie 1970 p :128, 136-140.

21- كيمياء البوليميرات د. أحمد خليل مديرية الكتب و المطبوعات الجامعية حلب1991

22-J.P. Mercier et P.Godard,Chimie organique, une initiation, Masson , Parie(1995), 235-237.

23- J.P .Mercier, Polymérisation des monomères vinyliques, procédés et matériaux nouveaux, (1983), P : 2,3, 64.

24- G. K. Helmkamp, H.W. Johnson ; selected experiments in organic chemistry, Third edition , W. H. Freeman and company (1983), P : 161.

25- C. S. Marvel, The organic chemistry of hight polymers, New – york, J. Wiley 1979 P :60-71.

26- W.R. Sorenson et T. W. Campbell , Preparative methods of polymer chemistry, New – york, J. Wiley 1971 P :40,41.

27- F.A.Bovey, The effects of ionozing radiation on natural and synthetic polymers, New – york, Interscience,1976-polymers reviews,vol 1.

28- E.M.Fettes, Chemical reactions of polymers, New – york, Interscience,1984-Hight polymers ,vol 19.

29-L.Monnerie et Neel, dégradation statistique des substances polymères linéaires, J.Chim-Phys.(1985) P : 51-61.

30- M.Voorn, phase separation in polymer solutions. Adv.Polym.Sc, I, (1969) P :180

31- E.F.Casassa , polymer solutions . Ann.rev. Phy-Chem ,11,(1960) ,P :477.

32- Encyclopédie univarsalis , corpus 122 , (1986).

33- T.Alfrey , J.J. Bohrer, H. Mark , Copolymerisation, , New – york, Interscience, 2nd Edt,1982 ,hight polymers .p :146-150.

34- G.Odian, Principles of polymerisation, 2^{Nd} Edn , Wiley-Interscience New-york (1981). P :63 ; 85.

35- R.W. Lenz. Organic chemietry of synthetic, hight polymers, Interscience New-york (1977).p : 136-136.

36- K.J.Saunders,Organic polymer chemistry,2^{Nd} Edn , Chapman and Hall,london(1988), P :41-43.

37- W.J. Burlant, A.S. Hoffann, Block and graft polymers- New – york,Reinhold,(1970), P :5,6.

38- J.P. Kenney, Ch.V in copolymerisation, Edt .G.E. Ham, Interscience(1974), P : 25.

39- N. Kanoh ; A. Gotoh ; T. Higashimura ; S. Okamura, Makromol. Chem.(1973),P : 63,106.

40- A.Mizote ; T. Tanaka ; T. Higashimura ; S. Okamura ; journal of PolymSci.(1975),3,2567.

41- C.G. Overberger ; L. H. Arnold ; J. j Taylor, J.Am . Chem. Soc,(1963), P :73,5541.

42- C.G. Overberger ; V.G. Kamath , J.Am . Chem. Soc, (1973), P :85,446.

43- J. M. Clement , dictionnaire des industries alimentaires , Masson(1978), 156.

44- F. F. K. Houcine, plantes médicales, composition et agriculture, maison du livre ,Lybie-Tunisie,(1989).p :69.

45- J. L. Salle ; J. Pelletier, les huiles essentielles, synthése d'Aromathérapie et introduction à la sympathérapie. Edition Frison-poche, Parie,(1991), P :65-70.

46- د.تهانى مهدى. د. محمد الحسين النباتات الطبية مكوناتها و استخداماتها العلاجية.مكتبة ابن سينا للنشر و التوزيـــــــــع و التـــــــــــــصدير. القـــــــــــاهرة. 1990.ص.70.

47- A. Domart ; J. Baurnenf, Nouveau larousse médicale, librairie larousse, Parie,(1981)

48- Encyclopédie univarsalis , corpus 17 , (1986).P :505, 506.

49- Abrège de matière pharmacognosie (Tome 1) généralisée monographie préphance de R. Parie (1989), P : 65 ; 66.

50- الدكتور يوسف ابو نجم . معجم النباتات الطبية.1944 بيروت

51-C. Rameau ; D. Mantion ; G. Dumé, Flore forestière française institut pour le développoment forestier,(1989), P : 98 ; 99 ; 100.

52- L. Bézanger –Beauquesme ; M. Pinkas, Plantes médicinales et région tempérée Edition Frison-poche, Parie, (1985, P : 54 ; 55.

53- الدكتور محمد السيد هيكل .عبد الرزاق عمر.النباتات الطبية و العطرية.كيمياءها.انتاجها.فوائدها.

54- S. Bensalem, M. Laala, M.r.y.El- Hillo, cationic polymerisation of anethol ; C.U.O.E.B ; j.e.n. de chimie,30 –31 Mai 2000

55- S. Bensalem, , M.r.y.El- Hillo, ionic polymerisation of eugenoland its derivatives ; université de Telemcene ;; j.e.n. de chimie,29 –30 Octobre 2000.

56- A. D. Cannt, J..A. Licchelli, I.W. Parsons, R.N. Haward, M.R.Y.El- Hillo ; Polymer, Vol.24, 1983, P : 121 –125.

57-M.R.Y.El-Hillo, D. Hartill, M.A. Holly, R.N. Haward, I.W. Parsons ;polymer, Vol.30, 1989, P:1336 – 1341.

58-M.R.Y.El-Hillo, R.N. Haward, I.W. Parsons ; Polymer,Vol.31, 1991, P :949-953.

59- H. Ayadi, M.R.Y. El-Hillo, A. Khaled ; C.U.O.E.B ; J.e.n. de chimie, 30 –31 mai2000.

60- A. Khaled, M.R.Y. El-Hillo, A. Khaled ; C.U.O.E.B ; J.e.n. de chimie, 30 – 31 mai2000.

61- A. K. Mechkane, M.R.Y. El-Hillo ; C.U.O.E.B ; J.e.n. de chimie, 9-10 octobre 2001.

62- K.D. Scaia, D.A. Snider-Tung ; polymer modification reactions ; polymer preprints, vol.29. N=°1, 1988, P : 327, 328.

63- M. Blanchard, B. Fosset, F. Guyot, L. Julien et S. Palacien, Chimie organique expérimentale, Hermann, Paris,(1987), P :15-32, 56-59.

64-d.R. Browning, Méthodes spectroscopiques, Masson et Cie, Editeurs, P :34-35

65- M.chavane, G. Beaudien, A. Jullien, E. Pallamand, chimie organique experimentale, 2éme Edition, Hermann, Paris,(1986), P : 15-26, 271.

66-W. Kemp, NMR in chemistry, Macmillan,P :2

67- M. Hamon, F. Pellerin, M. Gernet et G..Mahuzier, chimie analytique, Tome 3, Methode spectrales et analyse organique, Masson, Paris,(1990), P : 70.

68- P.Arnauld, cours de chimie organique, 2eme Edition, Paris,1990,P : 65,192.

69- R.W. Smith et A. J. Creighton, Aldritch, 1996-1997,P :44, 114, 195.

70-N. G. Merum, C. P. Bukley and C. B. Buknall, ; Principles of polymer ingeneering. Second Edition ; Oxford. Science publication, USA, (1997), P : 121 –122.

71-A. piére, pratique des manipulations de chimie,presse des imprimeries salgarol,1990, p :76-81.

72- Stenly. Byne, Organic chemistry, Majer and Heel, New- york p :313-320.

الدكتور عيسى عبد الله الملوحى ة الكيمياء العضوية ة طرق التصنيع و اليالها دار الهدى عين مليلة الجزائر ص 190

73-

74- I. L. Finar, organic chemistry, fifth Edition, Vol 2, (1995), 375 –378.

75-R. F. Stroney and D. C. Hoffman, Polymer preprints, Vol 30, (1983), P :121,122.

Annexe

Annexe

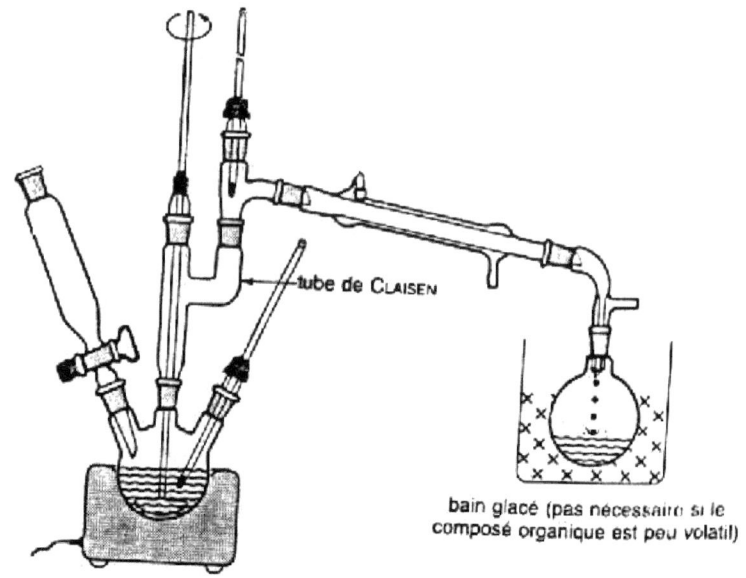

Appareil d'extraction par l'entraînement à la vapeur

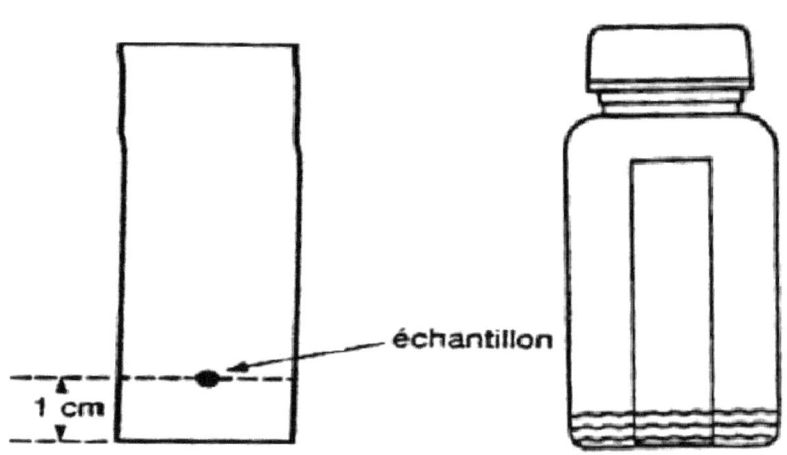

Technique de la chromatographie sur papier

Annexe

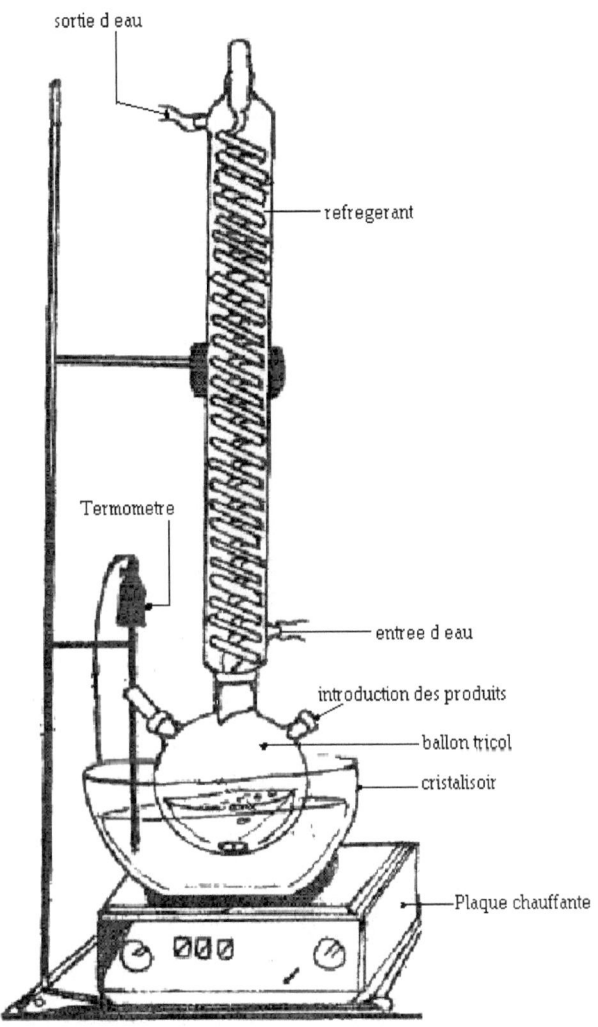

Montage de la polymérisation

Annexe

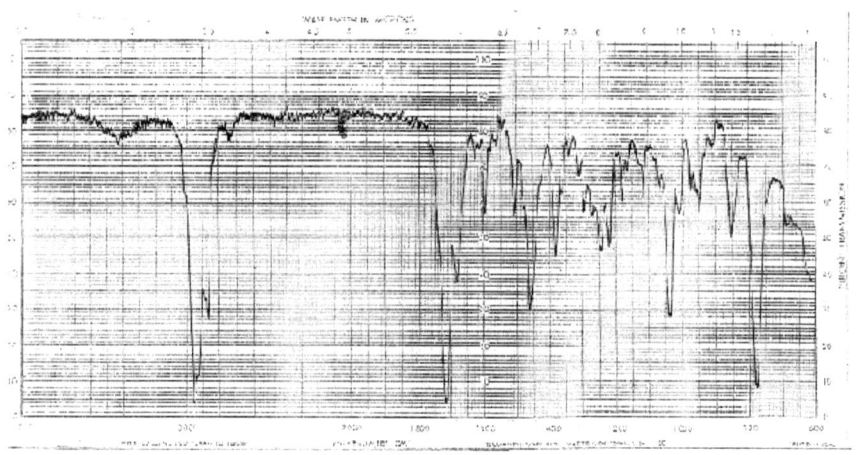

Spectre infra rouge De l'acide anésique

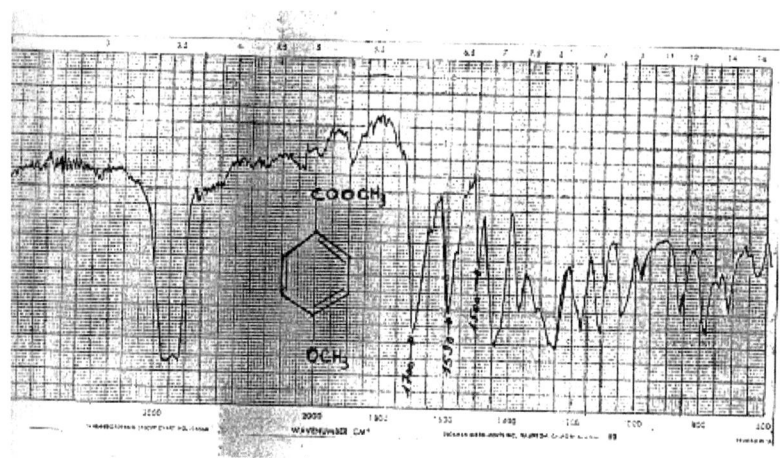

Spectre Infra rouge du methoxy 4 benzoate de methyl

Oui, je veux morebooks!

i want morebooks!

Buy your books fast and straightforward online - at one of world's fastest growing online book stores! Environmentally sound due to Print-on-Demand technologies.

Buy your books online at
www.get-morebooks.com

Achetez vos livres en ligne, vite et bien, sur l'une des librairies en ligne les plus performantes au monde!
En protégeant nos ressources et notre environnement grâce à l'impression à la demande.

La librairie en ligne pour acheter plus vite
www.morebooks.fr

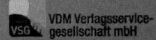

VDM Verlagsservicegesellschaft mbH
Heinrich-Böcking-Str. 6-8   Telefon: +49 681 3720 174   info@vdm-vsg.de
D - 66121 Saarbrücken   Telefax: +49 681 3720 1749 www.vdm-vsg.de

Printed by Books on Demand GmbH, Norderstedt / Germany